big mac on the sea

海上巨无霸

世界航空母舰秘闻

李杰 著

江苏凤凰文艺出版社
JIANGSU PHOENIX LITERATURE AND ART PUBLISHING, LTD

图书在版编目（CIP）数据

海上巨无霸：世界航空母舰秘闻 / 李杰著. — 南京：江苏凤凰文艺出版社，2018.9
（少儿军事科普图书）
ISBN 978-7-5594-2760-1

Ⅰ.①海… Ⅱ.①李… Ⅲ.①航空母舰－世界－少儿读物 Ⅳ.①E925.671-49

中国版本图书馆 CIP 数据核字(2018)第 190778 号

书　　名	海上巨无霸：世界航空母舰秘闻
著　　者	李　杰
责任编辑	张恩东　孙建兵
出版发行	江苏凤凰文艺出版社
出版社地址	南京市中央路 165 号，邮编：210009
出版社网址	http://www.jswenyi.com
印　　刷	南京互腾纸制品有限公司
开　　本	718×1000 毫米　1/16
印　　张	10.75
字　　数	100 千字
版　　次	2018 年 9 月第 1 版　2018 年 9 月第 1 次印刷
标准书号	ISBN 978-7-5594-2760-1
定　　价	39.90 元

（江苏文艺版图书凡印刷、装订错误可随时向承印厂调换）

目　录

前言

1. 从当今块头最大的武器平台说起 / 001
2. 航空母舰早期发展"千里马"及两位"伯乐" / 005
3. 中国最早"航空母舰"——"镇海"号 / 023

一　世界航空母舰扫描

1. 当今一流的美"尼米兹"级 / 031
2. 性能超群的美"福特"级 / 045
3. 老态龙钟的俄"库兹涅佐夫"号 / 059
4. 器宇不凡的英"伊丽莎白女王"级 / 067
5. 小巧玲珑的法"戴高乐"号 / 077
6. 跃跃欲试的印"超日王"号 / 087
7. 意大利"航空母舰双雄" / 099
8. 二手货色的巴西"圣保罗"号 / 117
9. 航空母舰侏儒——泰国"差克里·纳吕贝特"号 / 127
10. 奋进发展的中国航空母舰 / 139

二　航空母舰的明天

1. 航空母舰也能实现隐身吗？ / 147
2. 航空母舰吨位和块头将越来越大 / 153
3. 航空母舰将是智能化作战平台 / 159
4. 航空母舰舰载机更加多元强劲 / 163

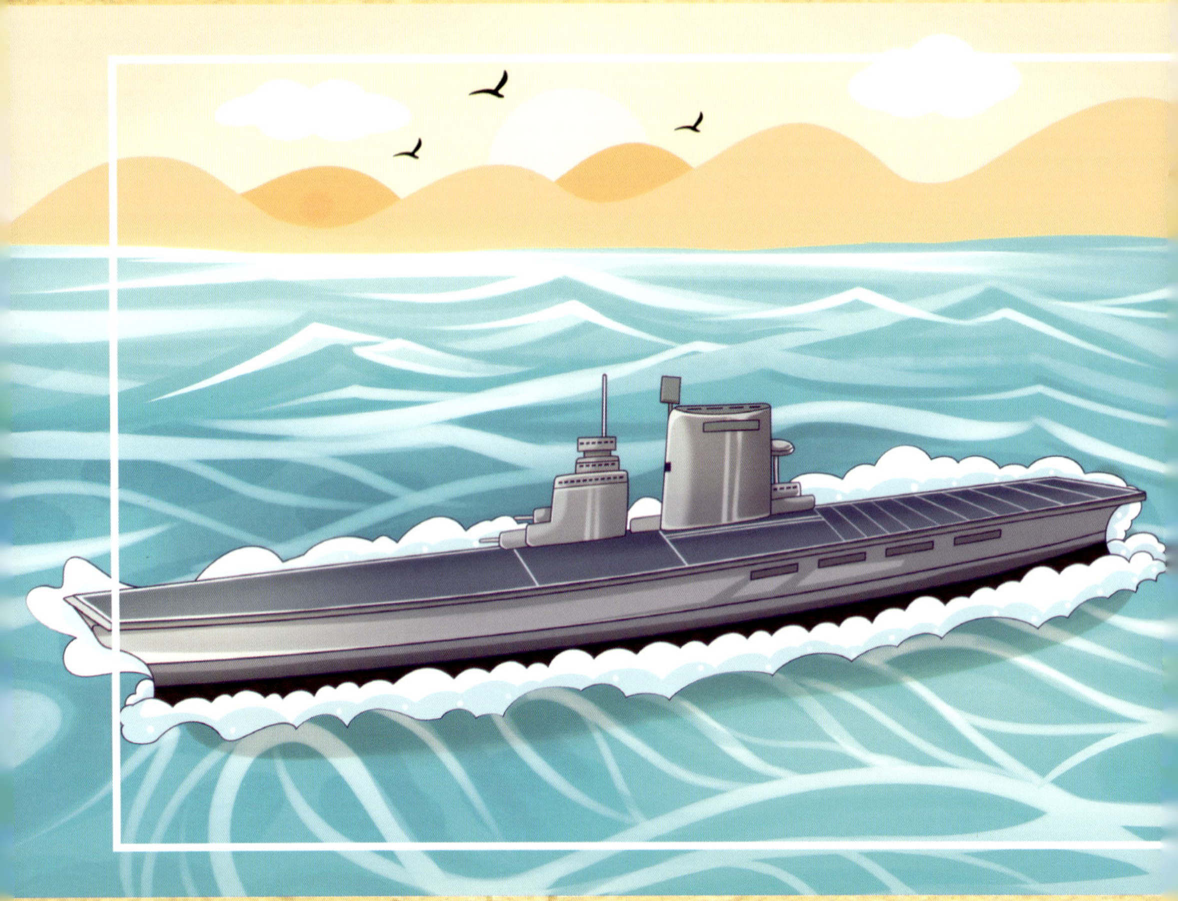

前　言

从当今块头最大的武器平台说起

海上"巨无霸"

建造于20世纪20年代美国早期大型航空母舰"列克星敦"号。该舰及其姐妹舰"萨拉托加"号的满载排水量都超过了40000吨，也是当时全世界最大的航空母舰

倘若问小朋友，当今世界上最大个头的武器是什么？绝大多数同学都会不约而同地答道：航空母舰！

尽管也有一些同学会有另外的答案，诸如核武器（弹道导弹）、核潜艇，但是一旦再次强调块头最大、吨位最大的武器装备时，肯定会异口同声：航空母舰！

的确，作为现今最大的武器已非航空母舰莫属。现今最大、最多数量的航空母舰都在美国，美国海军现拥有11艘共两级超大型航空母舰：一级为"尼米兹"级，共10艘；另一级现役仅一艘，即"福特"级。

10艘"尼米兹"级航空母舰中，前4艘："尼米兹"号

（CVN-68）、"艾森豪威尔"号（CVN-69）、"卡尔·文森"（CVN-70）和"罗斯福"号（CVN-71）的满载排水量（通俗地说，也可理解为它的最大吨位）均为9万多吨；而从第五艘开始，"林肯"号（CVN-72）、"华盛顿"号（CVN-73）、"斯坦尼斯"号（CVN-74）、"杜鲁门"号（CVN-75）、"里根"号（CVN-76）和"布什"号（CVN-77）的满载排水量统统超过10万吨，俨然就是一匹匹海上"超级巨兽"。至于最新的"福特"级"福特"号航空母舰更是大的邪乎，仅标准排水量就超过了10万吨，很有点天下战舰，舍我其谁的感觉！

目前世界上最小的航空母舰归属于泰国，泰国海军装备的

航行中的"尼米兹"级航空母舰

海上"巨无霸"

正在进行舾装的"福特"号航空母舰

"差克里·纳吕贝特"号航空母舰小归小,满载排水量也超过了1.1万吨。仅从块头和吨位来说,弹道导弹及一般的核潜艇,都不是航空母舰的个儿。由此可见,航空母舰是现今武器装备领域,吨位中当之无愧的王者,块头里无可争议之霸!

泰国海军装备的"差克里·纳吕贝特"号超轻型航空母舰

航空母舰早期发展"千里马"及两位"伯乐"

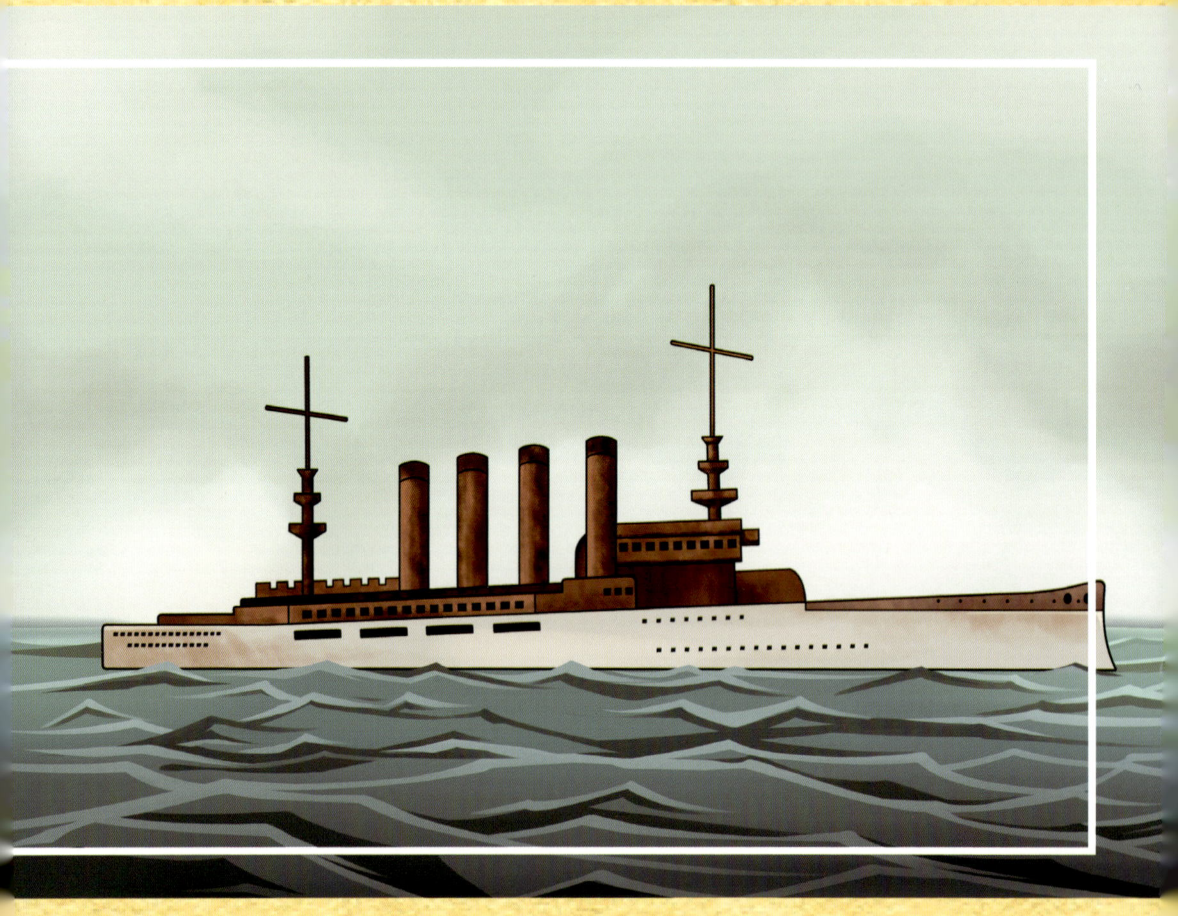

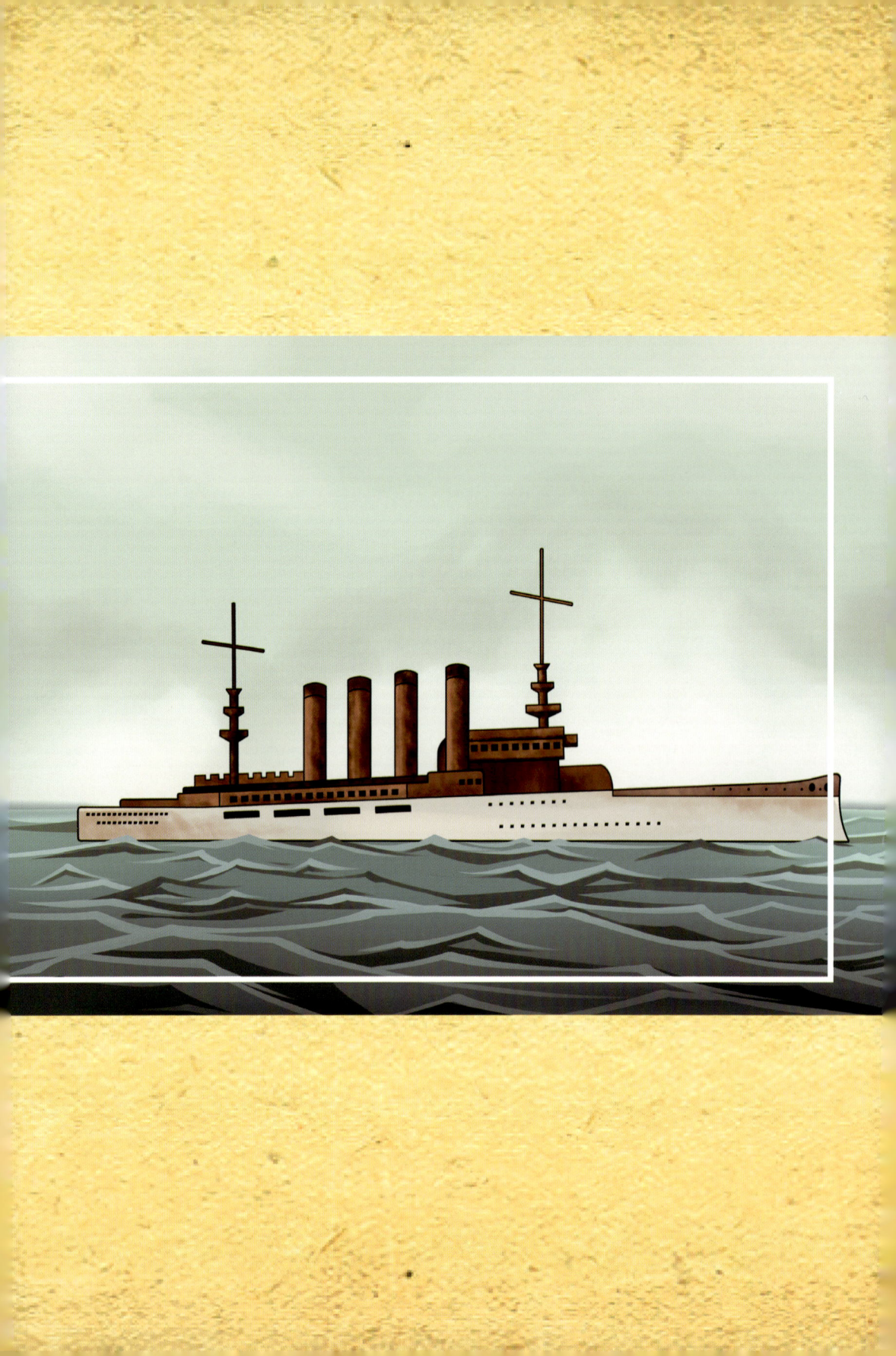

实现水面起飞的三位先驱——尤金·伊利、格伦·柯蒂斯和欧文·钱伯斯

不过，假如再追问你，航空母舰到底是哪年诞生的？最初它长得是啥模样？早期的航空母舰舰载机究竟都有哪些特点？大国海军的未来航空母舰将如何发展？新时代中国海军又将如何自主发展航空母舰？

对于这些问题，恐怕多数人未必能会回答上来。

提起航空母舰的诞生，就不得不提及航空母舰早期发展进程中做出突出贡献的"千里马"——尤金·伊利，以及他的两位"伯乐"：格伦·柯蒂斯和欧文·钱伯斯。

海上"巨无霸"

首先，说说格伦·柯蒂斯，他是美国第一位驾驶自制水上飞机，实现水面起飞并顺利安全降落的驾驶员，堪称美国"水上飞机之父"与航空先驱。准确地说，其实它的身份既是出色的飞行家，著名的飞机设计师，也是柯蒂斯飞机与发动机公司的创始人。

1878年5月21日这天，美国纽约州海蒙德斯港附近的一个普通家庭里，格伦·柯蒂斯呱呱坠地。由于家境并不富裕，他还很小就当上报童，每天放学之后就赶到附近社区，将一份份报纸送到各家。尽管收入微薄，因能给家里些许补贴，所以也就成了他的乐趣所在。

19世纪末，自行车的发明与使用日渐风靡，很快在世界范围内掀起了一股自行车旅游热。为了适应这突如其来的旅游热，美国在极短时间内就涌现了400家自行车制造商。

对机械始终怀有浓厚兴趣且有着强烈进取精神的柯蒂斯，与当时极负盛名的莱特兄弟几乎一样，也开了一家规模可观的自行车店。出于极度喜爱自行车和摩托车运动，作为自行车和摩托车制造商的他，义无反顾地充当起店里的"自行车和摩托车设计师"。业余时间，他经常驾驶着自己设计的摩托车在马路上"急驰狂奔"。由于驾驶技术娴熟及对摩托车性能的熟练掌握，他还创造过一项摩托车竞赛的世界纪录。

1906年，在电话发明家亚历山大·贝尔的鼎力帮助下，柯蒂斯借助改装摩托车发动机的经验，研制出了美国的第一台航空发动机。次年，柯蒂斯和贝尔等航空爱好者创建了美

柯蒂斯和他发明的 8 缸摩托车

国航空实验协会,并制造出了他们的第一架飞机"红翼"号,从而进一步推动美国的航空事业蓬勃发展。

1908 年,柯蒂斯在一架双翼滑翔机上安装了一台 40 马力的发动机,制成了一架独特的推进式飞机,并为它取了一个颇为丑陋的名字:"六月甲虫"号。这年 7 月 4 日,在官方人员到场观看下,柯蒂斯驾驶这架飞机以每小时 64 千米的速度,飞行了 1 分 42 秒,约 1810 米。虽然在今天看来,这一成绩似乎不够理想,但当时该成果却使柯蒂斯获得了美国航空俱乐部设立的 1908 年度"科学美国人奖"。

通过吸取这架飞机的经验与教训,柯蒂斯又接连研制了

海上"巨无霸"

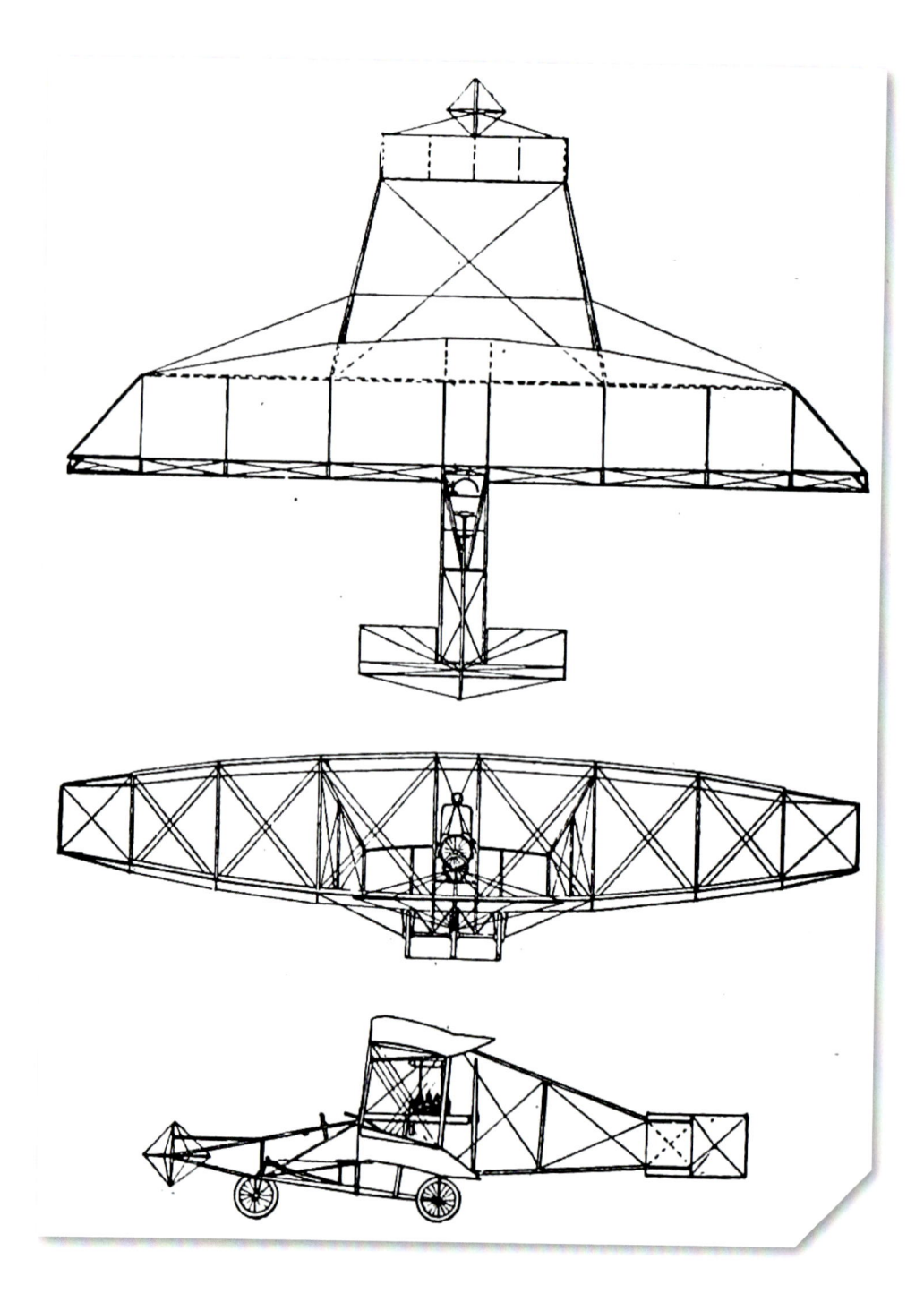

柯蒂斯制造的"六月甲虫"号首飞照片及其设计图

几种改进型，其中一些改型可以看出：他对水上飞机抱有相当浓厚的兴趣。1908年下半年，柯蒂斯把他自己的"六月甲虫"双翼机装上浮筒，并命名为"潜鸟"。不过，此后几次在水上进行起飞试验都没能成功，但柯蒂斯并不气馁，继续埋头试验。功夫不负有心人！后来这些尝试"歪打正着"，为柯蒂斯成功设计性能优良的"金鸟"号飞机奠定了坚实的基础。

1909年，柯蒂斯在他的家乡海蒙德斯港、圣迭戈等地创建了世界上最早的飞行学校，开始向那些受航空浪潮影响而热爱飞行的年轻人传授飞行技术。这年，柯蒂斯最成功的表现是，仅仅用了3个星期的时间便制造出了那架名为"金鸟"的双翼飞机。这架飞机的前后都装有垂直尾翼和水平尾翼，双机翼间还装有辅助小翼。8月22日至29日，在法国兰斯举行的第一届国际飞行竞赛大会上，柯蒂斯驾驶这架飞机，与法国著名的飞行家布莱里奥争夺高登·贝赖特奖。也许老天有所偏心！布莱里奥的飞机因油管破裂漏油引起火灾；人虽逃出，飞机却被大火烧毁。这样，柯蒂斯以每小时69.861千米的速度，获得了环绕固定坐标塔飞行的速度冠军，夺得了高登·贝赖特奖。

1910年3月28日，法国人查利·法布尔试飞了世界上第一架水上飞机。他的水上飞机关键是在飞机的机身下方安装几个浮筒，以用于在水面上起飞和降落；因此，法布尔被世人称为"水上飞机之父"。其实，真正为水上飞机做了大量实际工作，并使水上飞机逐步走向成熟的应该是美国人柯蒂斯。

由于在水上飞机设计与飞行领域，格伦·柯蒂斯不仅驾驶自制的水上飞

在第一届国际飞行竞赛大会上的柯蒂斯

机第一次实现世界上的水面起飞及安全降落，而且他还接连驾驶水上飞机创造了多项世界纪录……为此，他名声大噪，并为美国赢得了很高的荣誉。

柯蒂斯及美国同期众多航空事业的先驱者所创立的辉煌成就，使得曾一度落后于欧洲的美国航空工业后来居上，柯蒂斯也乘势而上，成为世界航空事业的领跑者。

有了伯乐，自然就会发现千里马！一次偶然的机会，柯蒂斯发现了这位身材瘦弱却极富冒险精神的尤金·伊利。他原本只是一个开汽车的好手。自从大学毕业后，便四处打工，随后便早早地结婚，娶了老家一位漂亮姑娘。

20世纪初，飞机尚属稀罕玩意，很多人甚至根本没见过飞机，因此柯蒂斯飞机公司经常会组织飞行队，四处去做科普巡演巡讲。鉴于他对机械的特殊情感，以及拥有一股从不服输的精神，柯蒂斯一眼就相中了他，并邀他加入自己的公司，成为飞行表演队的一员，开始到处巡演。

1910年9月，伊利认识了一位对飞行器兴趣浓厚的美国海军上校军官——钱伯斯，当时他还只是一名战列舰舰长。鉴于他对舰载机的发展及美国海军航空兵建立立下了汗马功劳，于是人们将其称为美国海军"航空兵之父"。

正是由于这份相识，以及钱伯斯对飞机上舰的浓烈兴趣，催生了2个月后划时代的世界首次着舰试验。作为试验舰的"伯明翰"号轻型巡洋舰经由钱伯斯调拨，但试验经费全由伊利和柯蒂斯公司解决，海军一分钱也不肯出。

海上"巨无霸"

1910年11月14日，改装完工的"伯明翰"号轻型巡洋舰由3艘驱逐舰护航，驶抵美国东海岸汉普顿锚地。当天天气极其糟糕，乌云压顶，大雨倾盆，雨中还夹着阵阵冰雹，能见度几乎为零。

然而伊利急不可耐，执意要求进行试飞，他生怕德国人抢在自己的前头。因为一旦天气好转，德国人了解到美国人的计划后，完全有可能把他们的飞行日期提前。可惜，德国人太急于求成了，没有准备好就仓促上马，抢先试飞，结果发生坠机事故而不得不告吹。

柯蒂斯建造的飞机被命名为"金鸟"号。其重量虽然很轻，但舰上可使用的跑道距离实在太短，只有17.37米，于是钱

从"伯明翰"号轻型巡洋舰前甲板铺设的跑道上起飞的飞机

nn H. Curtiss in his machine ready to start. The fork of the balancing lever is plainly seen at his shoulders. Behi
him is the radiator, with the engine still further back.

柯蒂斯在驾驶他建造的"金鸟"号首飞之前拍下的照片

伯斯上校决定：飞机起飞时"伯明翰"号巡洋舰以 20 节（1 节 =1852 千米 / 小时）航速逆风行驶，以助飞机起飞。

下午 15 点整，尽管天气依然糟糕透顶，但是伊利毫不犹豫地登上飞机，启动了飞机发动机，并发出了做好起飞准备的信号。随即巡洋舰开始起锚，但是还没等锚出水，仅过了 16 分钟，伊利便发出飞机即刻起飞的信号。"金鸟"号在下倾 5° 助飞跑道上开始加速。但是由于滑跑距离太短，它未能达到应有的起飞速度，越过舰首之后并没有完全飞起来，而是立即下降了 11.3 米。

伊利凭借着高超的技艺，机敏地利用飞机下降的空当，

海上"巨无霸"

改造前的"宾夕法尼亚"号装甲巡洋舰。该照片摄于其作为"大白舰队"一员环球航行期间

使飞机获得了一定的速度。即使这样,这架柯蒂斯式飞机也只能勉强在空中飞行,机上的螺旋桨、轮子和浮筒全都因接触到水面而被海水打坏。伊利浑身上下都被海水打湿,不过他还竭力控制住由于螺旋桨受损而抖动不已的飞机。

雨仍下个不停,能见度继续下降,飞机上没有任何指示仪表,伊利依然顽强地驾驶着"金鸟"号在离海面仅几米高度上盲目地飞行。好在最后时刻,上帝眷顾了他!他总算看

到了斯皮特海滩，小心翼翼地把受损的飞机降落在这里。伊利胜利地完成了41千米具有历史意义的飞行。

柯蒂斯的壮举，为航空母舰诞生及舰载机的问世奠定了里程碑的基础。

飞机能够从军舰上起飞！这一壮举在美国上下引起了巨大的轰动。于是钱伯斯上校决定一鼓作气，完成飞机在军舰上降落这一更为困难的试验任务。这次钱伯斯并没有费更多的口舌，美国海军当局就同意进行飞机着舰试验。

被选中进行着舰试验的军舰是"宾夕法尼亚"号装甲巡洋舰。为了完成这一任务，在舰的后甲板上铺设了长36.58米、宽9.75米的木质降落平台。降落平台四周也加装了木质护板，以防止飞机滑到舰外。为了防止飞机冲出降落平台也不会撞到上层建筑上，还在滑行坡道末端加装了帆布拦阻网。

降落试验选用的飞机仍然是"金鸟"号。不过，为了确保降落的成功，柯蒂斯公司人员对它进行了全面改装，不仅增大了翼展，而且在上下机翼之间增加了翼张间，目的是减轻机翼的载荷，使飞机能够慢慢降落，且在机翼下面安装了两个像鱼雷一样的浮筒，防止飞机一旦在海上迫降时也不至于下沉。这种改进型的飞机就是柯蒂斯D型军用机。

柯蒂斯D型军用机

　　这次降落试验，毫无疑问钱伯斯上校和柯蒂斯都不约而同又想到要选择尤金·伊利作为试飞员。尤金·伊利果然也很痛快，一口答应承担这项试验任务。

　　第一步，还是要对军舰进行改装：在旧金山马雷岛海军船厂，"宾夕法尼亚"号巡洋舰开始铺设降落平台。在一旁观看的伊利见铺设的降落跑道太短，开始担心。如果降落后没有制动器阻滞重达454千克的柯蒂斯式飞机，飞机很可能会冲出跑道，发生事故。

　　"怎么办？"

　　怎样在最短的距离之内，把"金鸟"的速度降下来？各种建议不断提出，最后确定了一种最妥善的解决办法，即在飞机的轮架上装两个挂钩，在降落平台上横向装上22根用马尼拉麻制成的绳索作为拦阻索；拦阻索架高30厘米，拦阻索两端分别系着一个22.6千克的沙袋，将拦阻索拉紧。飞机降落时，机身下面的钩子只要钩住拦阻索中的任意一根，飞机就能稳稳地停下来。

这种简单而出色的拦阻装置，成了后来航空母舰拦阻装置的标准形式，一直沿用至今。只不过如今是用比较复杂的液压制动器代替原来的沙袋。当然，也有很多人提出：究竟是谁首先提出使用横向拦阻装置，多数人认为：有可能是伊利提出的这种想法，因为他早先曾用类似的方法制动全速奔跑的赛车。

1911年1月的第二周，即伊利从"伯明翰"号巡洋舰起飞仅两个月后，飞机着舰的准备工作也完全就绪。但是此时加利福尼亚州的天气，也和去年11月美国东海岸的气候差不多，一连几天不停地下雨。到了18日，天气略微放晴，伊利决定进行试验。他决定上午从坦福兰机场起飞，并于当地时间11点降落在"宾夕法尼亚"号巡洋舰上。

正在进行飞机降落实验的"宾夕法尼亚"号装甲巡洋舰

海上"巨无霸"

机场上,伊利已急不可耐地在自己的胸部上缠了两条自行车内胎,以替代海军救生背心。它的脑袋上还戴了一顶外形颇像足球的皮制飞行帽。

这时,传来一则不好的消息:旧金山湾的风逆着涨潮方向,即"宾夕法尼亚"号巡洋舰舰尾迎着风,也就是说,他驾驶飞机在舰上降落时,降落速度将变得很快。

"不能再耽搁了!不能再耽搁了!"在舰上焦急等待的伊利,再也顾不得这些了,他高声嚷嚷道。

话音未落,伊利便急忙爬上没有座舱的柯蒂斯式飞机,随即一名机械师转动了飞机螺旋桨,起动了飞机发动机。10点45分,飞机滑跑腾空,朝着停泊在旧金山湾的"宾夕法尼亚"号巡洋舰飞去,整个飞行距离约19千米。

天空中的能见度依然很差,伊利十分艰难地识别降落标志。这回老天爷再次眷顾了他!他在空中飞着飞着,天气却突然奇迹般地好了起来。伊利看到海面上有许多小船,船上挤满了观众,其中还有几艘由"宾夕法尼亚"号巡洋舰派出的瞭望艇,他们的任务是,万一伊利在海上迫降坠落,必须保障他的安全。

离巡洋舰越来越近,伊利把飞机的飞行高度降到约30米。当从这艘巡洋舰上空飞过时,他惊奇地看清了每一根桅杆、桅桁和挤满水兵的甲板,水兵们都在凝神地望着他。

醒目的22根拦阻索整齐地排列在降落平台上。伊利驾驶着柯蒂斯式飞机转到舰尾这头,对正甲板,减小油门,准备降落。他迅速修正航向，使飞机对着风向，并在离平台外伸板大约 15 米时，他关闭了油门。由于关闭了发动机，飞机在舰上降落时很安静。

伊利稳稳当当地把柯蒂斯式飞机降落在巡洋舰上，22 根拦阻索有一半甩在飞机后面，飞机轮子触到了甲板，轮架上的挂钩先是钩住一根拦阻索，然后又钩住了另一根，沉重的沙袋很快使飞机停滞下来。飞机最后停稳时，距离降落平台的前端只有 15 米，比预计时间提前了 1 分钟。

舰上的人们为伊利惊险而高超的动作，长吁了一口气！

整个试验场先是万籁俱寂，过了一段时间后，突然，爆发一阵阵热烈的欢呼声，这些欢呼声不仅来自"宾夕法尼亚"号巡洋舰，而且来自周边所有舰艇上，以及岸上的观众。许多舰艇也都拉长鸣汽笛来助威。

这次成功的降落也和起飞一样，依然没有给伊利带来什么实际的好处。他曾写过求职信给他的第二

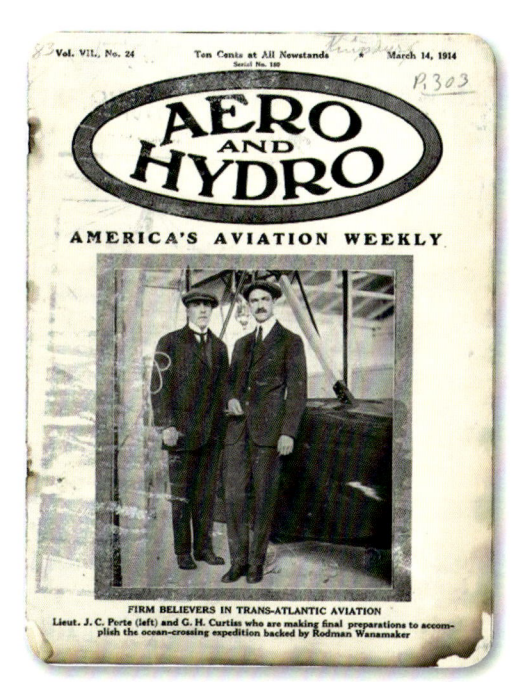

为表彰柯蒂斯等人的功绩，1914 年 3 月他们得到了表彰并荣登报纸

柯蒂斯设计的飞机最终在第一次世界大战中被军方采用并大放异彩

位伯乐——钱伯斯上校，希望继续研究海军飞行，但后者虽然努力了，却没能实现他的愿望，因为当时的美国海军对飞机并没有特别的兴趣。

万般无奈之下，伊利只好返回头，再去干他的飞行表演。一年后，一次飞行表演中，伊利驾驶的飞机俯冲失控，虽然成功跳出飞机，但由于颈部重伤，几分钟后去世，时年25岁。这位天才飞行先驱的飞行生涯，只持续了18个月。

尤金·伊利的英年早逝，丝毫也不降低这匹"千里马"为早期航空母舰发展所做出的不可磨灭的贡献。当然，我们更不能忘记两位"伯乐"为培育那匹"千里马"及舰载机上舰所付出的艰辛和代价。

中国最早"航空母舰"
——"镇海"号

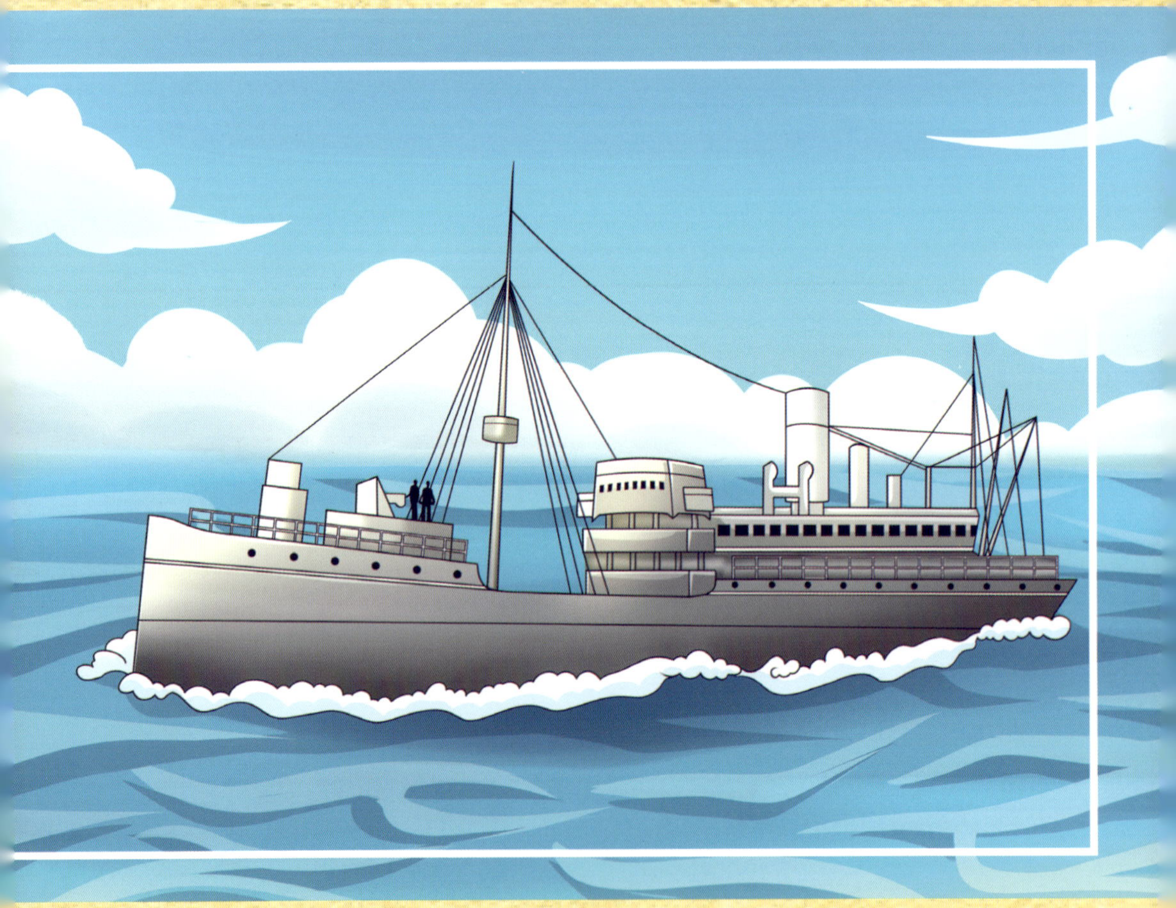

前言

对即将进入21世纪20年代的绝大多数青少年学生而言，提起那位80余年前曾叱咤风云的张学良将军恐怕也不陌生！这位中国近代著名爱国将领，于1936年发动震惊中外的"西安事变"，为促成国共二次合作，结成抗日民族统一战线，做出了巨大的贡献。

而张学良的父亲正是奉系军阀首领张作霖。大概很少有人会想到：这位张作霖居然和中国最早的"航空母舰"有着不解之缘。1923年，张作霖麾下的东北海军从烟台政记轮船公司购买了一艘2708吨的商船"祥利"号，该船原为德国海军的运输船，最大航速为12节，在当时世界上的海军运输船中算是佼佼者。东北海军最先是把这艘改装后的战舰作为练习舰使用。

"咱们是否也来一个航空母舰，让它能搭载几架飞机到战场上试试！"大字不

张学良将军的肖像照

海上"巨无霸"

识多少的张作霖尽管对舰船不懂行，更对航空母舰及水上飞机一窍不通，但他大胆的想法的确使世人乃至东北海军为之一惊！

在他的鼎力支持下，"镇海"号舰再次被拖上船台，经大卸八块般的改造后，"摇身"成了一艘水上飞机母舰。

1924年12月，张作霖又向法国订购了一批"施莱克"FBA-19型水上飞机；这种飞机是"施莱克"FBA-17型的改进型，全长12.87米，翼展8.94米；主机由原来的180马力向后推进式改为300马力伊斯帕诺-斯维萨向前拉进

"镇海"号的船员合影

在1936年时被美国海军采用的"施莱克"系列水上飞机

式发动机，时速则由原来的158千米提高到了180千米。该种飞机曾多次打破水上飞机的飞行高度和飞行速度的世界纪录。尽管该型飞机一共只生产了9架，可张作霖一次就订购了其中8架。

1926年3月，东北海军在现今河北秦皇岛成立在当时也十分前卫的"水面飞机队"，其主力就是这8架法制"施莱克"FBA-19型水上飞机。

有了大型可搭载飞机的战舰，又有了水上飞机，可以说是：万事俱备，就等试验了。

虽然奉系海军起步比闽系海军晚，且规模也小得多，但却率先建立了中国最早的海军航空兵部队，而且建制一直保

海上"巨无霸"

"镇海"号水上飞机母舰

持在东北海军作战序列之内。由此,"镇海"舰也便顺理成章成了中国海军史上第一艘水上飞机母舰,舰上通常可搭载一或两架"施来克"FBA-19型水上飞机随行。从今天的观点来看,该舰虽然不是真正意义上的航空母舰,也没有装设弹射装置,而且飞机起飞前需要用起重机将飞机吊入水面然后滑跑起飞升空,待完成作战任务后,再返回到战舰附近海域,用起重机将飞机吊回舰上,可谓既费时又费工。

1927年7月22日,"镇海""威海"这两艘水上飞机母舰销声匿迹般驶向现今的连云港附近海域。当两艘战舰行驶到雷峰一带时,"镇海"号停车下锚,将所载的一架"施来克"吊放入海中，飞机加速滑行一段距离后，便迅疾腾出水面升空，接连对海石、新浦等地的目标投下了数枚炸弹，虽然没造成什么损伤，却使当地军民相当恐慌。当闽系舰队闻讯后快速驰往迎击，但是这两艘军舰却早已失去了影踪，闽系战舰只得悻悻而归。

刚完成空袭撤退中的"镇海"号，正为未获战果有点扫兴时，却在途中发现了一个"新的猎物"。原来不知情况的北伐军运兵船"三江"号正航行于连云港外。两舰毫不犹豫，一起对它开炮拦截，"三江"号毫无招架之力，只得被迫停船。"镇海"号官兵上船后一搜查，竟然发现船上除了17名船员外，还装有各类书刊数万册，军衣8000套、雨衣1000件、水壶20箱，以及马枪5支。这些"猎物"结果全被东北海军俘获。此仗算是中国"航空母舰"初出茅庐的第一仗，也算取得了一定的战绩。

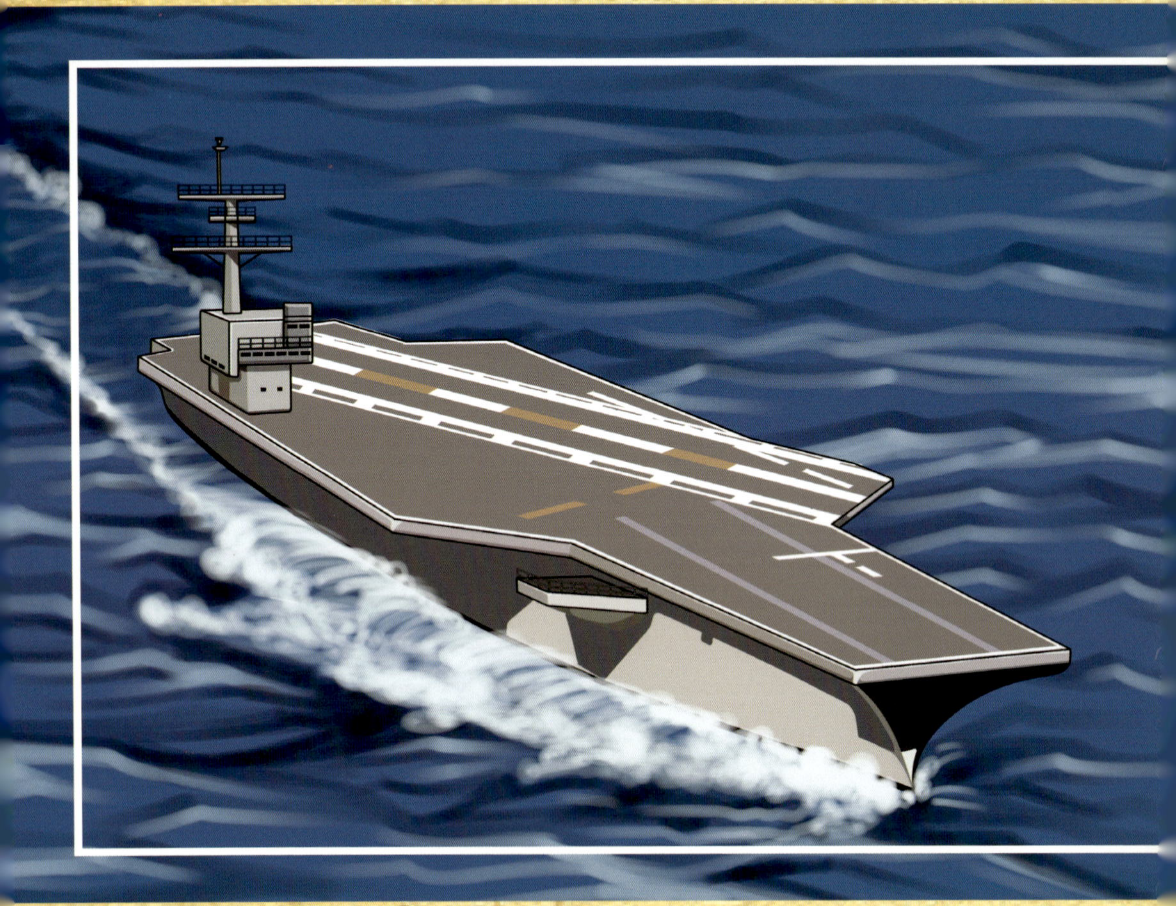

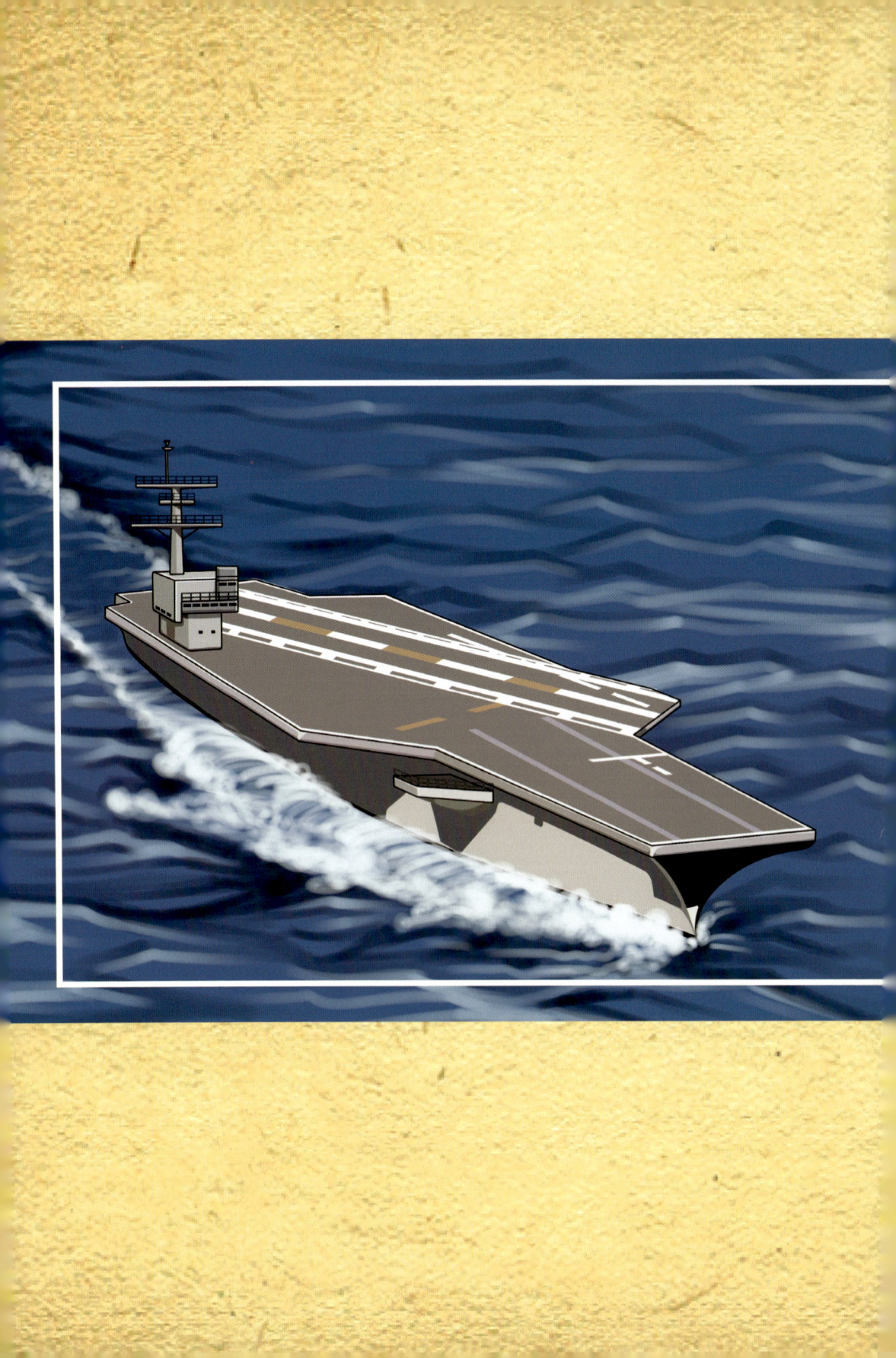

一、世界航空母舰扫描

当今一流的美"尼米兹"级

海上"巨无霸"

1980年4月24日晚十点,美国海军刚服役不到5年的"尼米兹"号核动力航空母舰,正悄无声息地停泊在伊朗附近平静的海面上。

这是一个无月暗夜,漆黑的夜幕完全掩盖住了周围的一切!

突然,航空母舰飞行甲板上的多盏大照明灯全部照亮了,只见16名飞行员和180名突击队员,分别加速奔向早已检修完毕的8架直升机。

"起飞!"舰桥上的航空指挥员的命令声刚落,一阵阵直升机发动机的启动轰鸣声此起彼伏、不绝于耳。很快,闪烁着红色安全灯的直升机一架一架地斜刺着升入漆黑的夜空。

此时,红海狭长海域的上空,也隐隐传来大型运输机的空中航音。准时从埃及起飞的6架运输机,取道沙特阿拉伯、阿曼,加速飞向伊朗境内的会合地点。

停泊在港湾的"尼米兹"号核动力航空母舰

正在执行舰载直升机起降作业的
"尼米兹"号

  8架直升机编队彼此间保持着距离,在离海面2000米高度疾驰飞行。飞着飞着,带队长机飞行员突然感到飞行阻力明显加大,发动机的声音顿时也变得略有些沉重。最初,他以为机械出了故障,经仔细查寻,并没有发现异常。他又侧耳倾听了一下舱外,隐隐地感觉到有沙尘打击着风挡玻璃。他一下子关闭了舱内的小照明灯,猛地打开了悬挂在舱外的着陆灯。果然不出所料,遇到了沙暴,烟尘滚滚如同一道无法突破的屏障。于是,他不得不关闭了着陆灯,通知助手严密注意飞行状况。

  紧跟在长机身后的一架僚机直升机,刚接到长机的通报,就发生了机械故障。他立即用预先规定的暗号通知了带队长机,接着迅速转弯退出编队,返航飞回"尼米兹"号航空母舰。

  虽然只是一架直升机的返航,但却给整个直升机编队的其他飞行员带来了严重的不良心理影响。常言道:祸不单行!当直升机编队到达伊朗海岸上空时,又有一架直升机退出了编队，急急地向地面降去。没过多久，紧随在它身后的另一架直升机也盘旋降落到地面上。原来前边那架直升机机舱内的一个很重要装备突然失灵，无法继续飞行，只好在伊朗境内迫降。机上人员当机立断，放弃这架直升机，登上另一架直升机继续飞向目的地。

只剩下 6 架直升机了！这是预定完成此项任务所必需的最低极限数量。

剩下的 6 架直升机继续艰难地在风暴中飞行，终于抵达"沙漠 1 号"地区，与 C-130 大型运输机准时会合。带队长机飞行员第一个跳出刚刚着陆的直升机，心里稍松了一口气。接着他们把加油软管从 C-130 运输机里拉了出来，分别注入 6 架直升机的油箱，一箱箱营救行动所需物品，准备突袭人员在德黑兰市郊潜伏时使用的各种给养品，也被送上直升机。

美国空军装备的 C-130 大型运输机

此刻，正在五角大楼秘密指挥室里坐镇指挥的琼斯将军，对完成这一行动依然显得充满信心。他只希望在这最后的环节上不要发生功亏一篑的事。此时，率队执行任务的突击队指挥官查尔斯·贝克威斯上校，同琼斯的心情完全一样。但他毕竟是设身处地，所以他比坐镇万里之外的琼斯将军多了一层说不清楚的忧虑。

"上校！"机械师迎面向贝克威斯上校跑来报告，"03号直升机液压系统失灵！"机械师的声音有些颤抖。

"什么？！"贝克威斯脑袋里"轰"的一下，完全失去了冷静。他知道，直升机失去了液压系统简直就成了一堆废铁。更为严重的是：现在只剩下5架直升飞机了，按照原定计划，剩下的5架飞机是不能完成这次营救任务的。

这个令人沮丧的消息通过运输机上的通信设备立即传到了华盛顿。卡特总统接到报告后，当即决定取消营救行动，命令所有的直升机和人员迅速撤离伊朗。

始终待命的突袭队员已经在寒冷的春夜里滞留了3个小时，接到撤退的命令以后，简易机场上又重新忙乱起来，但气氛却与先前大为不同。经过一阵紧张、慌乱的搬运，人员和武器等已全部登上运输机，迅速飞抵"尼米兹"号航空母舰。

突击队在撤离"沙漠1号"的时候，除了放弃4架完好的直升机外，还把有关这次行动的绝密地图、侦察照片、无线电通信呼号和频率表都丢在现场。在撤出伊朗的途中，贝克威斯上校曾向华盛顿请求，派舰载机摧毁遗留下的直升机

海上"巨无霸"

一幅"尼米兹"号航空母舰的水彩画

和绝密文件。但是华盛顿唯恐事态扩大而拒绝了他的要求。

下午6点21分，突击队又传来运输机和直升机相撞的消息。

白宫的官员们对此都感到不胜惊愕。

25日上午1点，美国政府第一次向新闻界公布了在伊朗进行了一次营救作战的消息，并且宣告作战行动失败！一厢情愿的营救人质行动以得不偿失的结果而告终，不仅卡特总统感到不快，美国人脸上也无光，而且遭到世界许多国家的谴责。

尽管"尼米兹"号核动力航空母舰及其舰载机，在这次行动中大栽跟头，大跌眼镜，但该级航空母舰卓越的战技术性能，以及强大的战略威慑力和有效的攻防能力，特别是其后该级多艘航空母舰不俗的表现，使得美国海军仍把"尼米兹"级核动力航空母舰作为美国海军武器装备及大中型战舰的"重中之重"而加以优先发展。

从 1975 年 5 月到 2008 年 4 月，美国海军一口气服役了 10 艘"尼米兹"级核动力航空母舰，平均约 3-4 年时间就下水服役一艘该级航空母舰。

如今作为美国海军中装备数量最多、功能最全的一级航空母舰，"尼米兹"级核动力航空母舰已奠定了其在海军中的核心地位，以及称霸全球、称霸海洋最重要的工具。每当世界上任何地区或海域发生局部战争和武装冲突时，时任美国总统最先问的一句话就是："我们的核动力航空母舰在哪里？"

毫不夸张地说，"尼米兹"级核动力航空母舰既是当今世界上排水量最大、载机最多的航空母舰，也是现代化程度最高的航空母舰。堪称一座巨型浮动的海上机场，大规模的海上基地。

那么该级航空母舰究竟有多大、多惊人？就让我们走进这个神秘巨硕的世界。先看该舰飞行甲板面积，比 3 个标准足球场面积还要大。从龙骨到桅顶的舰体高达 26 层楼高，超过北京饭店的楼层高度。该级舰装有 2 个锚，每个锚重 30

海上"巨无霸"

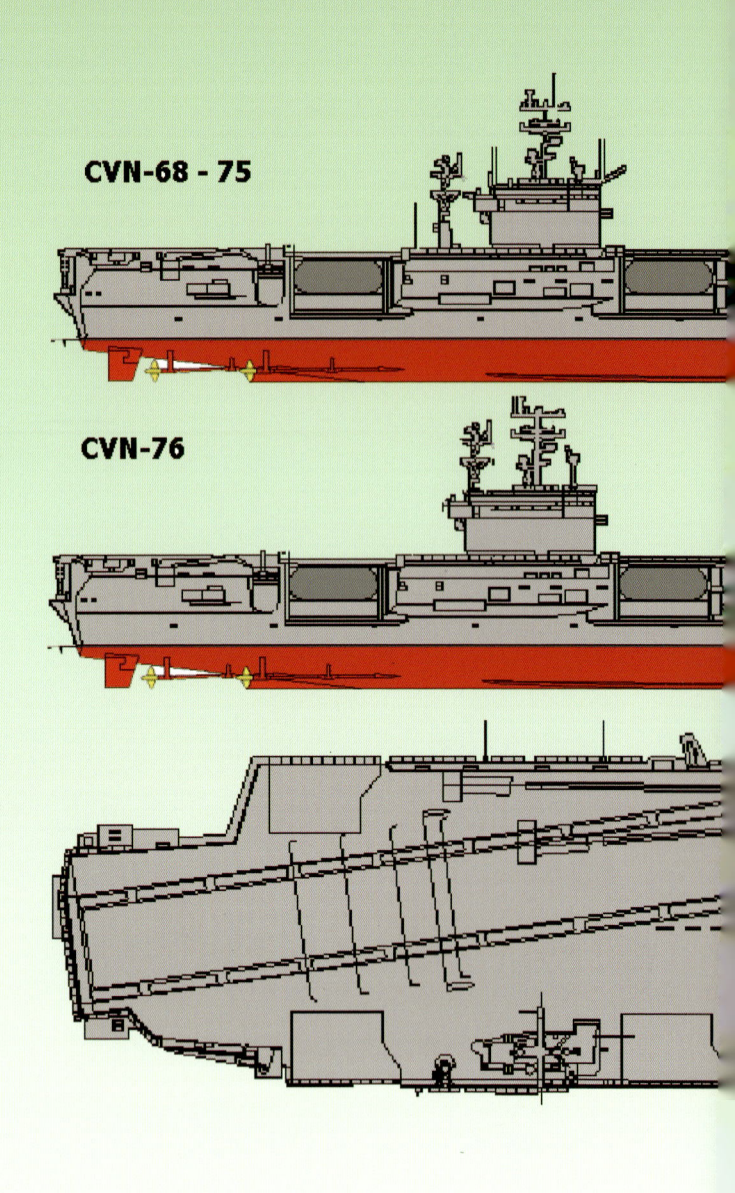

CVN-68 - 75

CVN-76

吨,锚链每个环重 163.3 千克。舰后下方还装设 4 个 5 叶螺旋浆,每个浆直径为 6.4 米,重达 30 吨。其后还有 2 个舵,每个舵重 65.5 吨。全舰共有舱室 3360 间,舰上仅照明灯就有 29184 盏。舰上还设有广播站、电影厅和邮电所、百货商店、服装店、理发店、冷饮店,是一座地地道道的海上城市。

一、世界航空母舰扫描

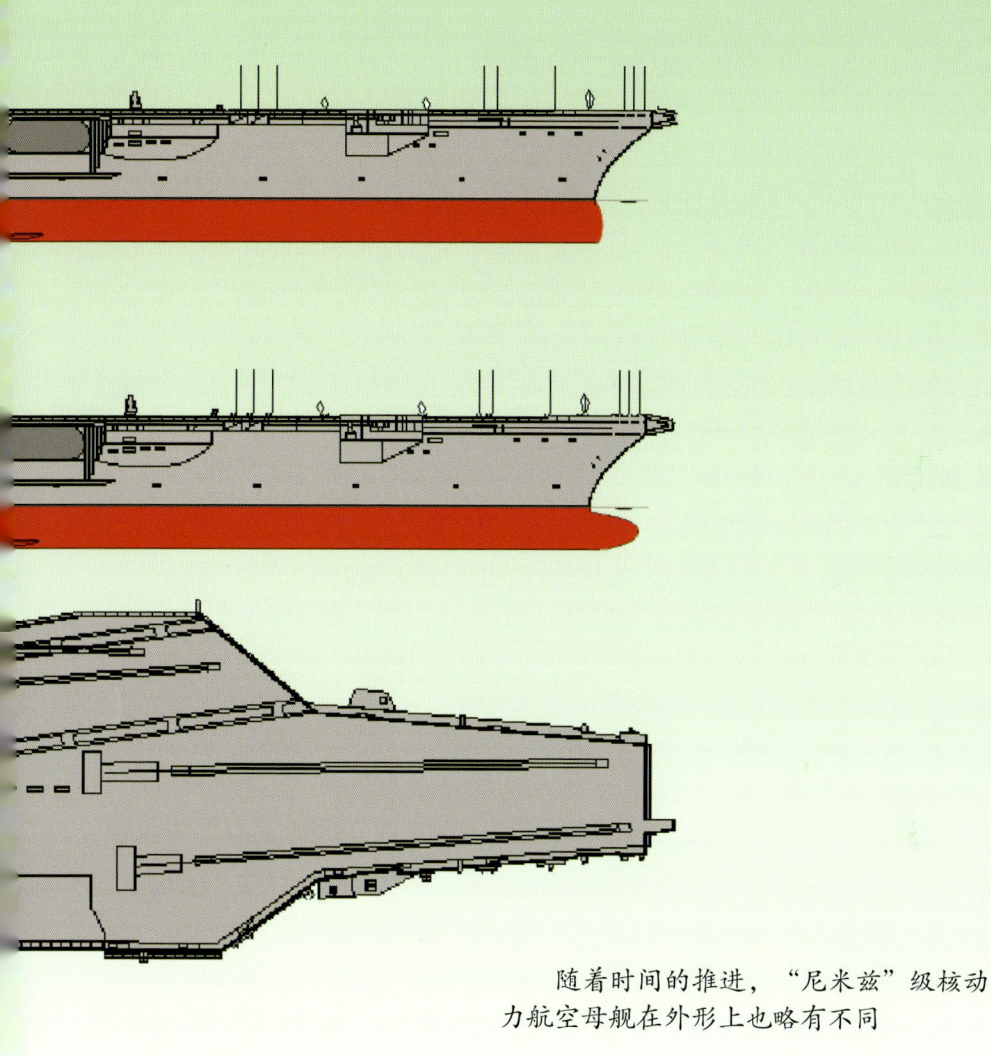

随着时间的推进，"尼米兹"级核动力航空母舰在外形上也略有不同

其次，再看看"尼米兹"级航空母舰作战能力到底有多强？该航空母舰能以30节的持续航速，一昼夜航行约1300千米（700海里）意味着它能远离基地，迅速到达世界任一海域执行作战任务。当然，该航空母舰作战最倚重的就是舰上所搭载有各种固定翼飞机和直升机70余架，战时可增至

海上"巨无霸"

停泊在港口的"尼米兹"级航空母舰。通过与港口建筑物的对比,可以体会到这艘海上巨无霸的体型之大

近100架。

在开战首日上半天,该舰即可出动120架次,并可在开战前四天保持每日230架次的出勤率。其舰载机可控制600-1000千米海域和空域。实际上,该航空母舰仅需20分钟时间即完成全部40架舰载战斗机的弹射作业。1997年,"尼米兹"号航空母舰曾在一次演习中创造了四天内出动771架次、平均每日出动193架次的成绩。时至今日,"尼米兹"级核动力航空母舰依然以平均每日出动100至140架次的空

中兵力,这相当于许多中小型国家空军每日全部出动架次。

与美国先前航空母舰相比,"尼米兹"号航空母舰的弹药装载量要高出2-3倍,最大可达3000吨。一个"尼米兹"号航空母舰战斗群的作战能力,超过了1944年美国参加菲律宾海战的第58特混舰队的能力(后者包括各类航空母舰15艘和舰载机965架)。

再次,"尼米兹"级航空母舰防护能力也很强,舰上的自身防卫体系包括:火炮、电子对抗系统、"海麻雀"导弹发射装置等。该级舰采用了封闭式飞行甲板,机库以下的舰体为整体密封结构,航空母舰抗沉性好。同时装备了抗击导弹攻击的弹库保护系:舰体和甲板采用高弹性钢,可抵御半穿甲弹的攻击,两舷设有隔舱系统,弹药库和机舱装有63.5毫米厚的"凯夫拉"装甲。该舰沿舰长每隔12-13米便设一道水密横隔壁,共23道,并设有10道防火隔壁,从而形成了2000多个水密隔舱,这2000多个水密隔舱保证了舰的不沉性。舰上设有30个损管队,设有泡沫消防装置。泵设备能在20分钟内调整舰体15度倾斜。此外,飞行甲板上的各升降机开口都设有可防止核辐射、生物和化学污染泄入的密封门。

"尼米兹"级航空母舰的"心脏"功能也强劲无比。设计初期,曾计划使用四座功率各4.5至5万马力的A3W反应堆。后经过论证,选择两座功率各13万马力的A4W反应堆,总功率达26万马力,远低于"企业"号和"小鹰"级航空母舰的 28 万马力。改进后的 A4W 反应堆使得性能进一步提高，堆芯寿命为 13-15 年，更换一次燃料可航行 80-100 万海里，可在海上停留数月而不需补给。此外，还装载航空油料 1 万吨。

其实，该级航空母舰的船型比"企业"号航空母舰稍宽，导致阻力增加，使得该航空母舰最高航速降低不少，不仅低于"企业"号核动力航空母舰（35 节），甚至低于采用传统动力的"小鹰"级、"福莱斯特"级航空母舰（约 33 节），是二战以后美国海军建造的航速最慢的航空母舰。不过，由于舰上的 C-13-1 蒸汽弹射器功率强劲，使得对于利用航空母舰全速航行来制造甲板风的要求也明显降低，因此 30 节

美国海军的第一艘核动力航空母舰"企业"号，现已退役

一、世界航空母舰扫描

航行中的"尼米兹"级第7艘"斯坦尼斯"号航空母舰。尽管最新一代"福特"级已箭在弦上,但数量庞大的"尼米兹"级将仍在今后相当长的时间里作为主力在美国海军中服役

左右的航速完全能够满足起飞舰载机的需求。由此看来,"尼米兹"级航空母舰尽管牺牲了部分航速,却并没有使航空作业能力下降。

还有一点许多人不知道,"尼米兹"号航空母舰装备有8台8000千瓦汽轮发电机,它所提供的电力足可供10万人的城市使用。该舰还备有供近6000名官兵消耗90天的食品和生活必需品;舰上的4台海水淡化装置每天能为全舰提供181万升的淡水。

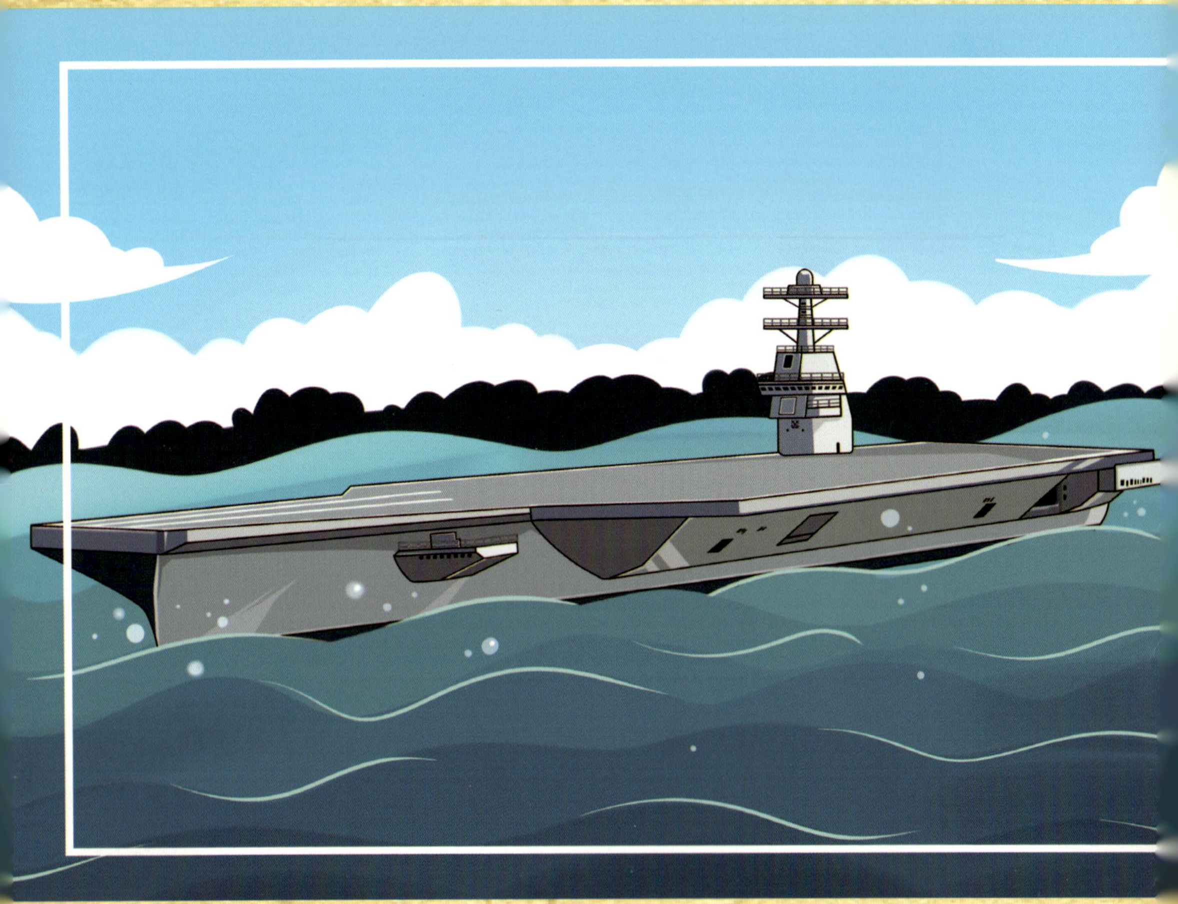

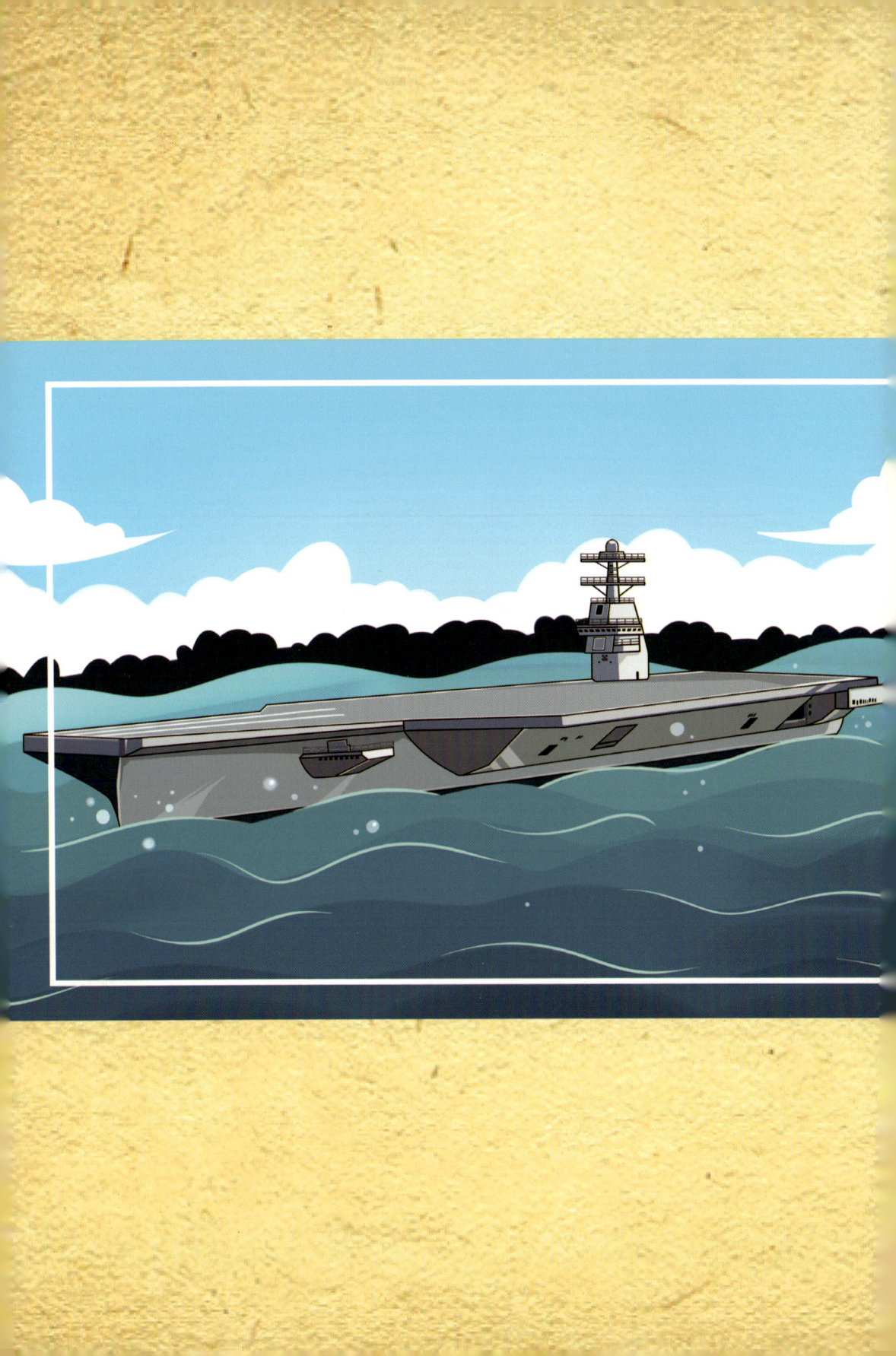

性能超群的美"福特"级

海上"巨无霸"

船坞中准备执行下水仪式的"福特"号

2017年3月2日,刚出任美国第45任总统的特朗普参观了正在建造的"杰拉尔德·R·福特"号航空母舰,并就国防预算发表讲话。他当着造船厂员工及部分海军官兵高调承诺:将增加国防支出,把军费预算增幅从300亿美元上调为540亿美元。特朗普还毫不掩饰地宣布:"我刚和海军及工业界谈过,并讨论了大规模扩展整个海军舰队的计划,包括拥有所需的12艘航空母舰"。

2009年11月13日,美国纽波特纽斯造船厂安放了首舰"福特"号的龙骨,一切建造工作开始紧锣密鼓地展开。

时任美国海军部长在一次高官会议上信誓旦旦："福特"号完全可以在 2015 年 9 月交付海军，以接替服役已超过半个世纪的第一艘核动力航空母舰"企业"号（CVN-65）。

听到这话最高兴的自然是纽波特纽斯造船厂的董事会及总经理。要知道，首舰"福特"号的研发与建造总经费共将耗资 137 亿美元，其中研发经费为 32 亿美元，建造费用（含所有先期的规划、准备）则高达 105 亿美元，而且有 1/3 的经费早在 2001 年就已编列作为前期武备款项。更令人惊喜的是，"福特"级航空母舰先期一共要建造 3 艘，而前三艘总计耗资 360 亿美元，其中 317 亿 5000 万美元为建造经费，43 亿 3000 万是研发经费，成为美国海军有史以来造价最昂贵的舰艇。

1994 年时的纽波特纽斯造船厂

很多人都清楚：纽波特纽斯造船及船坞公司是当今美国建造航空母舰唯一的大型私营厂家，主要负责建造美国海军全部的核动力航空母舰，50%以上核动力潜艇和50%驱逐舰。美国现役的10艘"尼米兹"级核动力航空母舰和已经退役的"企业"号航空母舰，全都出自该厂家之手。

当然，核心的关键还在于"钱"。由于纽波特纽斯造船厂形成了对核动力航空母舰研发和建造的垄断，因此平均每年都可从军方拿到十六七亿美元的费用。这对于拥有两万多工人的这家私营大型企业来说，至关重要；美国海军和其他军种所提供的大量费用，对于整个工厂及其附属企业的工程技术人员和工人的基本生活保障，以及工厂的机械设施的日常运作与维修保养，乃至今后的发展都起到了极其重要的作用。

可是包括总经理在内的厂方决策层也十分清楚：一旦拿不到海军大型战舰或潜艇的订单，那么整个工厂人员的工资就得"泡汤"，甚至要去喝西北风！可惜的是，因为长期经营航空母舰的建造，使得该厂在民船研发和建造方面毫无优势，更无竞争能力。

"一定要把'福特'号项目拿下，并要尽全力提前建造好！"总经理这回可是发了狠！距离最后一艘"尼米兹"级"布什"号航空母舰动工已有六七年时间了，而几十年来美国大型核动力航空母舰的建造周期一般为三四年，最多也就是五年。

这艘运用了60%以上高新技术的"福特"号航空母舰，

正在进行舾装的"福特"号

的确有许多过人之处，堪称百年航空母舰集大成：第一，采用了新型大功率一体化核反应堆，整体性能得到全面、质的提升。

众所周知，现役的"尼米兹"级核动力航空母舰装设有A4W核动力装置。虽然该装置能以30节以上的高速推动航空母舰长时间连续航行，但每隔七八年多至十几年，就必须更换一次核燃料（堆芯）；更重要的是，该装置占用航空母舰上的空间比较大（尽管航空母舰的整个空间体积比较大），且它的维护保养及安全防护设施相当复杂、麻烦。也就是说，在其近五十年的寿命期当中，必须进工厂更换好几次核燃料。

由此一来，不仅要耽误很长的时间（更换核燃料的工程量很大，属于中期大修。通常在更换核燃料的同时，还会对

海上"巨无霸"

"福特"号的舰桥特写。与"尼米兹"级相比，该舰的舰桥发生了明显变化

整个舰体和设备进行大范围的升级改装，因此一般要跨越两个财政年度或者更长时间），而且耗费大量的财力、物力，严重影响到整个航空母舰的在航率。而"福特"号核动力航空母舰由于采用了更先进、更强劲的A1B核动力装置，可以保证五十年不用更换核燃料（理论上），不仅占用舰上的空间明显减少，而且更换核燃料和此后维修保养的成本也都大大降低。此外，新型核动力装置A1B的安全性、可靠性等，也都得到明显的改善和加强，从而保证航空母舰在航率得以显著提升。

第二，"福特"号核动力航空母舰上配备有各种新一代、高性能的舰载机，从而使得舰机协同及全舰综合作战能力等均得以大幅度提升。该航空母舰所搭载的75架各型舰载机中，包括数量较多的第四代F-35C"闪电Ⅱ"战斗攻击机，部分三代F/A-18E/F"超级大黄蜂"战斗机，以及E/A-18G"咆哮者"电子攻击机、E-2D"先进鹰眼"预警机、MH-60B直升机和察打一体的X-47B隐身无人机等。F-35C"闪电Ⅱ"攻击机具备优异的隐身性能和超高的机动性，采用推力矢量喷管，虽不具备超音速巡航能力，但却具有极佳的生存能力，尤其是该机搭载与航空母舰本身形成的适配性相当出色。在复杂电磁环境下，该机的战场信息感知能力也很强，在未来海空作战中拥有一定的优势。舰载X-47B隐身无人机的作战半径达1500千米，如果经过空中加油，则可达到3500千米以上。不仅如此，该机还可挂载近两吨的制导炸弹。"福特"

"福特"号航空母舰的主力舰载战斗机F-35C

号航空母舰上最终将搭载一定数量的X-47B无人机的后继机型和无人潜航器,两者可实施远距离的空中和水下探测与攻击,从而形成航空母舰编队中全新机动、小巧灵活、用途广泛的"左膀右臂"。

第三,"福特"号航空母舰将使用起点更高、技术含量更多的电磁弹射器和先进拦阻装置,从而使整个航空母舰编队作战效能更高。在当今世界九个拥有航空母舰的国家中,真正采用蒸汽弹射器的,只有三个国家;除美国外,还有法国和巴西。而其他国家全都采用比较传统、相对简单的滑跃起飞方式。

目前,美国"尼米兹"级核动力航空母舰上所使用的蒸汽弹射器，全部为C13型系列。其中已退役的"企业"号和"尼米兹"级前4艘航空母舰装备的是C13-1型，而"尼米兹"级后六艘则装备了C13-2型。即在首部起飞区布置两部，斜角甲板起飞区布置两部。无论是首部甲板，还是斜角甲板，蒸汽弹射器主体均位于飞行甲板的正下方，布置在一个1.07米高，1.42米宽，101.68米长的开口槽内。它的总体积达1133立方米，整个系统全重486吨。其中，C13-1的动力行程增加到91.41米，总行程也随之增加到99.01米，蒸汽排量达到32.508立方米，从而具备了在无甲板风的情况下弹射飞机的能力。经过几十年的不断改进与发展，蒸汽弹射器虽然技术日臻成熟，但因其内在的缺陷和本身结构性问题，而最严重的是由于缺乏反馈环节，导致牵引力最大峰值经常出现损失。

时至今日，美国尽管拥有蒸汽弹射器的全套技术及其技术优势，但却早就开始研发更高起点的电磁弹射器和电磁拦阻装置。美国海军希望通过最先进的电磁弹射器，能在两至三秒内输出122兆瓦的能量，从而使重达30吨的舰载机能在较短时间内快捷加速到起飞速度。试验证明，"福特"号核动力航空母舰可在弹射的瞬间，把全部电力集中到电磁弹射器上，通过采用包括电机转子动能储能方式等一些先进的技术，产生出功率较大且可控的电流，来供弹射器弹射飞机使用。

第四，"福特"号航空母舰将全面换装多型新概念武器，包括高能激光武器、电磁轨道炮、高能粒子束武器等，从而

彻底更换现役航空母舰上传统的防御武器。

当今，各国航空母舰上的防御体系，尤其是对空防御武器，主要是由航空母舰舰本身所搭载的舰载机与有限的防御武器，以及护航舰艇所配置的各种防御武器来共同完成。例如美国海军现役"尼米兹"级核动力航空母舰上所配置的防御武器通常有：射速2.5马赫、射程14.6千米的RIM-7M"海麻雀"舰空导弹；射速2马赫、射程9.6千米的"拉姆"舰空导弹，以及2座或4座MK-15"密集阵"近防武器系统（射程1500米、发射率4500发/分）。

尽管美国现役"尼米兹"级航空母舰编队的对空防御能力也还不错，但一旦遇到对方实施"饱和攻击"，往往

保存在博物馆里的"海麻雀"舰空导弹

会出现抗击手段不足,拦截显得力不从心,并将导致受损严重。经过多方权衡和反复比较,美国海军认为,唯有采用舰载新概念武器,作为未来航空母舰进行防御,特别是对空防御作战的"杀手锏",才有望彻底改变目前航空母舰对空防御的被动与不利局面。

为此,"福特"号航空母舰上将装备电磁轨道炮、高能激光炮、高能粒子束武器等多种新概念武器。其中,最先布置的有可能是射程超过300千米的电磁轨道炮。该炮主要利用电磁系统中电磁场的作用力来发射炮弹,具备反应迅速、攻击能力强、火力转换快、命中率高等特点。它可将一枚300克重的弹丸瞬间加速到4000米/秒,而一般步枪的射击

位于美国海军水面战中心的电磁轨道炮试验品。该武器计划装备在"福特"号上

速度只有1000米/秒,因此前者的拦截和攻击能力都将大大优于现有的各型舰载导弹和火炮。目前,美国海军还在加紧开发和试验功率达20兆瓦,能及时快速拦截来袭的各种导弹和低空飞机的高能激光武器,试验的效果也相当理想。

第五,"福特"号航空母舰采用了多部高性能雷达,能有效地搜寻、发现各种目标,提高了该航空母舰对付高超音速目标的能力。

"福特"号航空母舰采用双波段搜索和跟踪雷达(DBR),与"尼米兹"级航空母舰采用的SPS-48雷达相比,DBR最大的优点就是提高了该航空母舰对付高超音速目标的能力。

DBR是二维电子扫描，当它探测到目标之后，可以迅速调转波速目标，对目标进行精确判定，因此目标关联速度较快。即使在目标速度、数量增加的情况下，仍然可以迅速确认目标，继而引导武器系统进行快速拦截。一部雷达即可完成了原来需要几部雷达才能完成的工作任务。

当然，除了上述的5大优点之外，它还重新设计了飞行甲板和上层建筑布局，提高了舰载机出动架次率，减少人力，提高了生存性，也提升了全寿命周期改造升级的潜力等。

"福特"号海试时的照片。该舰目前是世界上威力最大、最先进的航空母舰

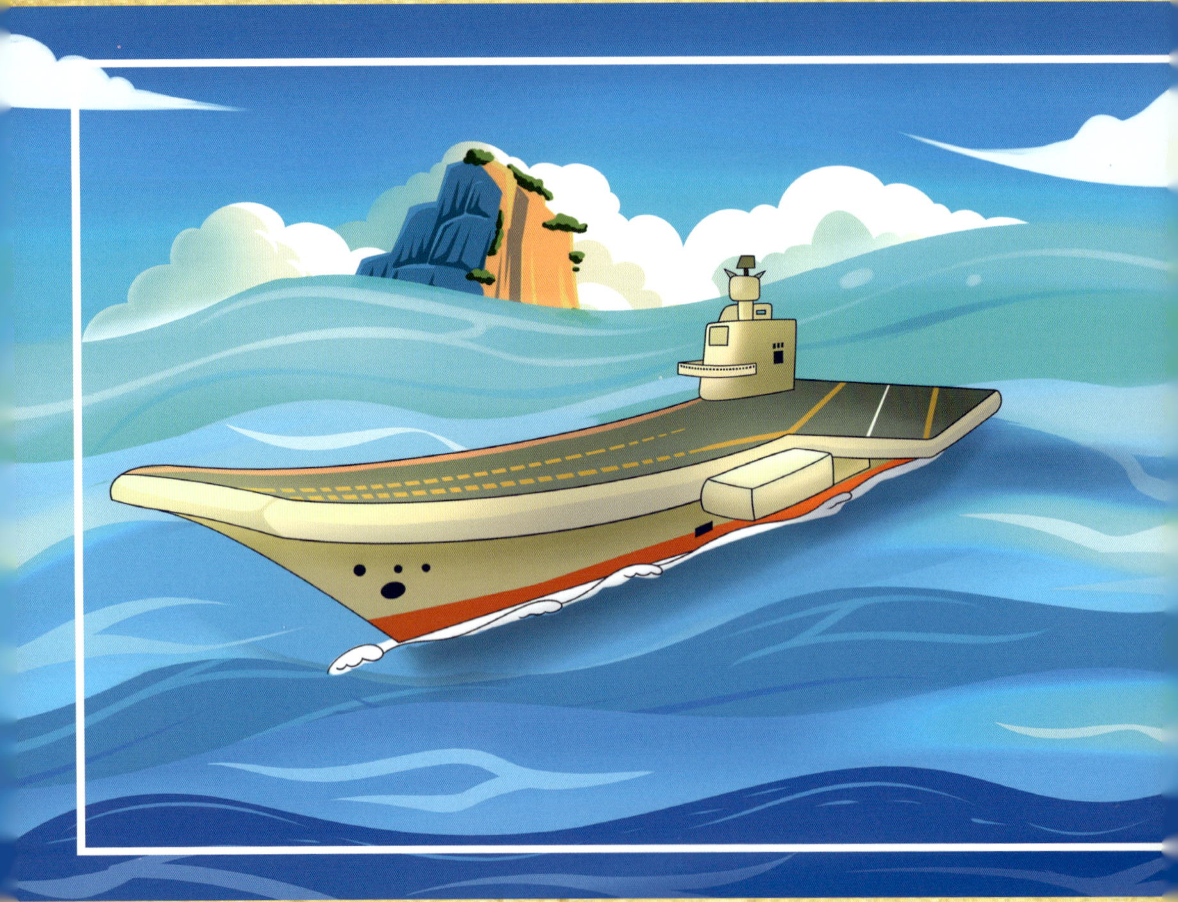

老态龙钟的俄"库兹涅佐夫"号

海上"巨无霸"

苏联海军元帅库兹涅佐夫的肖像

说俄罗斯海军的"库兹涅佐夫"号航空母舰老态龙钟,这话一点也不为过!

早在1982年4月1日,苏联海军就在尼古拉耶夫造船厂开工建造了其史上第一艘大型航空母舰"库兹涅佐夫"号(该舰俄文名为"库兹涅佐夫海军元帅",又被称为1143.5级)。该航空母舰不仅建造周期长,而且曾用过的名字也多,如"苏联"号、"克里姆林宫"号、"勃列日涅夫"号和"第比利斯"号。

但随着岁月的流逝,政治风云的变幻,该舰最后被定名为"库兹涅佐夫"号。之所以最终采用这个名字,主要是海军元帅库兹涅佐夫在二战前后一共担任过18年的苏联海军总司令,更是一位苏联航空母舰的积极倡导者。

对于用此名字,可以说当时绝大多数苏联或其后的俄罗斯老百姓举双手赞成。

"我认为,这点与美国大型航空母舰采用二战太平洋战场名将,海军作战部长尼米兹上将作为首制舰名字,有着异曲同工之妙",一位苏联作家曾这样评价道。

"库兹涅佐夫"号航空母舰虽然于1985年12月4日就已基本建成下水,但一直延宕到1991年1月21日服役,前后一共建造、舾装了近10年时间,现部署于俄罗斯海军北方舰队。

不管怎么说,"库兹涅佐夫"号航空母舰是苏联和俄罗斯第一艘真正意义上的航空母舰,也是世界上第一艘同时拥有斜直两段飞行甲板和滑跃式飞行甲板的航空母舰。该舰满

航行中的"库兹涅佐夫"号

海上"巨无霸"

载排水量6.5万吨,飞行甲板长304.5米,宽70米,机库长152米,宽26米,高7米,其人员编制为1960人,其中有600余名航空人员。

航空母舰整个飞行甲板总面积约为14800平方米,接近两个标准足球场面积大小,是一个奇妙的"混合体",共分为起飞区、降落区、停机区三个区。如果仅从外形来看,它既有大型航空母舰特有的斜直两段甲板,又有轻型航空母舰所通用的12度上翘角滑跃式起飞甲板。虽然没有安装弹射器,但却可以起降重型固定翼战斗机。绝对称得上是一级融合多种要素于一身的海上"巨型怪胎"。

与美国"斯普鲁恩斯"级导弹驱逐舰齐头并进的"库兹涅佐夫"号。该舰巨大的滑跃式甲板清晰可见

这艘目前俄罗斯海军唯一在役航空母舰有许多自己的独特的特征，不仅采用全通式飞行甲板以及巨大的舰首滑跃式起飞甲板，而且还首次使用包括舷侧升降机、拦阻装置等许多设备。它的首部水上部分有较大的外飘，甲板舷角圆弧连接。首端水下部分安设有球鼻首，用于装设声呐换能器；尾部采用方尾，尾板较宽，舭部为圆形。主舰体从飞行甲板往下有7层甲板、2层平台和双层底，共10层甲板。

该航空母舰安装了4台TV-12-4型蒸汽轮机，总功率20万马力，设计航速超过30节，理论上完全可满足舰载机起降和舰队机动的要求。不过这艘航空母舰服役之后，因动力系统问题接连不断，从而使得该舰长期无法形成战斗力。

"为什么老不出海，老待在港内，而不参加军事行动"？不少军方高层领导时常询问。

"该舰舰载机性能过于老旧，数量严重不足"！在一次内部会议上，配属该航空母舰的第279独立舰载战斗机团团长曾述说出了其中的苦衷！

的确如此，该航空母舰本可搭载40余架各型固定翼舰载机和直升机，其中包括苏-33战斗机、苏-25UTG教练机、卡-31预警直升机和卡-27反潜直升机等。苏-33仅18架，苏-25只有4架。但这些年来，各种飞机摔得摔、老的老，很多连零配件都无法补齐，以致真正能投入作战使用的飞机数量已不多。俄罗斯海军曾在2002年对上述舰载机进行过一次升级，可惜如今又过去了十多年，上述飞机总体性能

海上"巨无霸"

正从"库兹涅佐夫"号甲板上起飞的苏-33战斗机的计算机模拟图

更趋于老化。前些年，尽管俄罗斯海军已宣布订购24架米格-29K，并打算从2015年逐渐淘汰苏-33，不过由于经费不足，更换速度相当慢。

"库兹涅佐夫"号航空母舰除舰载机外，还拥有大量的各种武器，其战斗力比一般巡洋舰都强。舰首的飞行甲板下方共装有12座SS-N-19垂直发射反舰导弹装置，这种导弹可通过卫星接受目标信息，实施超视距打击，最大射程可达550千米。舰上的防空武器威力更为强大，在飞行甲板两侧前后4个舷侧平台上布置了4组6×8个发射单元的SA-N-9舰对空导弹垂直发射装置，共装有导弹192枚。4个舷侧平台上还装有8座CADS-N-1弹炮合一近程武器系统，每座系统包括 2 座 6 管 30 毫米 AK-630 炮和 2 组 4 联装 SA-N-11 近程舰对空导弹。可以说，该舰防空火力已远远超过美国"尼米兹"级航空母舰，足以有效地抗击对方大数量、多批次、多方向的"饱和攻击"。该舰的反潜能力同样十分强悍，除配有反潜直升机外，还有两座 10 管 RBU-12000 火箭深弹发射装置，可以消灭深达 1.2 万米处的水下目标。

2016 年 10 月 15 日，"库兹涅佐夫"号航空母舰从俄罗斯北莫尔斯克港起航驶往地中海，增援俄罗斯在地中海东部的海军舰队。11 月 15 日完成了俄罗斯海军历史上首次航空母舰舰载机打击地面目标的任务。在整个叙利亚作战飞行中，俄军航空母舰舰载机共出动了 420 架次，其中 117 次是夜间

正在发射 SS-N-19 反舰导弹的俄军舰艇。"库兹涅佐夫"号装备有同型导弹

飞行，摧毁近 1200 个恐怖分子的设施，共有 20 名舰载机飞行员获得勋章。

令人遗憾的是，航空母舰上有两架舰载机失事（苏-33 和米格-29 各一架），所幸两名飞行员均弹射生还，航空母舰没有受损。

叙利亚作战结束后，俄军国防部和海军总结经验教训，分析事故原因，一致认为：主要在于俄军航空母舰的战备水平不高，这两起坠机都不是技术故障原因，而是由于操作不当造成的。其中，米格-29K 坠毁，是因为阻拦索系统故障导致无法降落，最终燃油耗尽而坠海；苏-33 战斗机则在于降落时偏离了跑道中心线距离的最大限度，造成拦阻索断裂，发生坠机沉海事件。

在地中海执行巡航任务的"库兹涅佐夫"号。其背后是一艘英国 42 型驱逐舰

器宇不凡的英"伊丽莎白女王"级

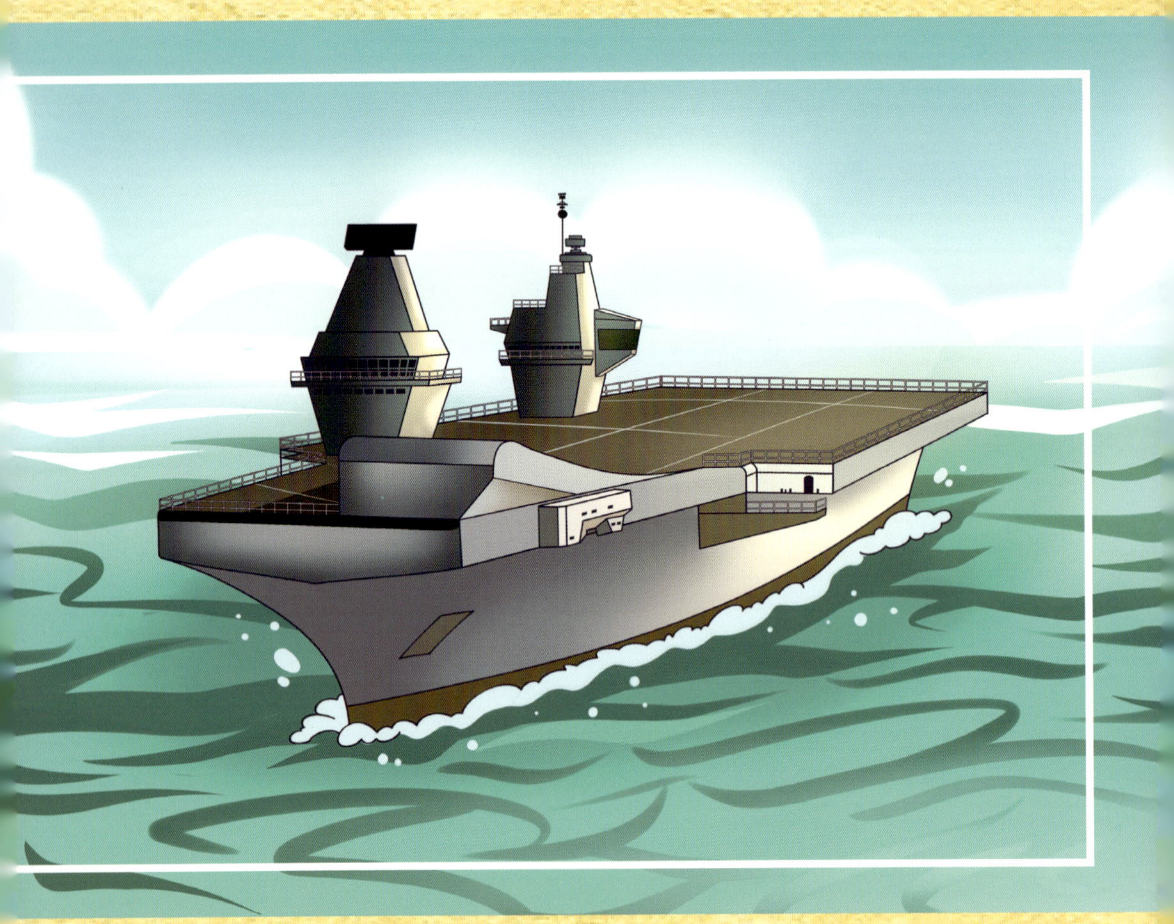

1996年,英国国防部经多次讨论后,公布了一项初期评估结果:英国皇家海军有必要立即研制两艘排水量3万到4万吨级航空母舰。这无疑是一个石破天惊的重大决定!

对于这样的决定,不少国家或很多人不难理解。长期以来,曾经的"日不落帝国"——英国,一直只发展与使用小型航空母舰,而与大中型航空母舰无缘,这实在与之地区大国地位太不匹配了。

难怪,这回英国皇家海军发了狠,要研制一级中型航空母舰,而在其后的建造过程中,这级航空母舰又逐渐演进成大型航空母舰,且要求舰上能搭载40余架固定翼飞机,并及早用之取代现役3艘"无敌"级航空母舰。

对于航空母舰,英国人有着特有的喜好与偏爱。在二战中,英国是拥有世界第二航空母舰数量的大国海军,包括30余艘航空母舰及数十艘护航航空母舰。

2005年时的英国"无敌"号航空母舰

海上"巨无霸"

英国"无敌"级航空母舰所搭载的"海鹞"短距/垂直起降战斗机

战后,英国经济开始明显衰落,海上威胁日渐减少,造船工厂大幅缩编,使得英国的传统造船强国地位下降,造船数量急剧减少,航空母舰的研发与建造数量也随之不断裁减。从1973年到1978年的五年时间里,英国总算摆脱了"不造航空母舰"的梦魇,一口气建造了3艘"无敌"级航空母舰,不过这些航空母舰的满载排水量均只有2.06万吨。

1982年的英阿马岛海战,英国刚服役时间不长的"无敌"级航空母舰和"竞技神"号大型航空母舰等两支航空母舰编队一展身手,并派上了大用场,其上搭载的20余架"海鹞"

短距/垂直起降战斗机，在其他兵力的配合下，很快就夺取了马岛周边海空域的制空、制海和制电磁权，并取得了最终的海战胜利。

航空母舰的特殊功能和作用，再次勾起英国人浓郁的航空母舰传统情结与偏好，更坚信了只有航空母舰才能在地区冲突爆发时提供足够的战力，才能在需要时迅速地将火力投放到世界上任何一个地点，才能有效地与盟国海军协同作战。

可惜的是，多年来英国军费一直不够充裕，且时常传来大批舰艇要削减的消息，英国皇家海军不为所动，经过与财政部反复磋商后，最终于 2003 年 1 月 30 日，由英国国防大臣宣布：泰雷兹集团的航空母舰设计方案胜出，但 BAE 系统公司将是主要承包商，而泰雷兹集团为主供应商。其中 BAE 系统公司将获得三分之二的建造比例与经费，而泰雷兹集团则占建造比例与总经费的三分之一。

两艘"伊丽莎白女王"级航空母舰的满载排水量几乎翻了一番，增至 6.5 万吨。首制舰"伊丽莎白女王"号已于 2009 年 7 月 7 日开工，2014 年 7 月 4 日下水。两艘航空母舰总共花费 38 亿英镑，目的在于替代 3 艘"无敌"级航空母舰。

2017 年 12 月 7 日，在英国朴茨茅斯港，英国皇家海军"伊丽莎白女王"号航空母舰举行服役仪式。英国女王伊丽莎白二世亲自登上这艘以她名字命名的航空母舰，并出席典礼。"伊丽莎白女王"号不仅填补了英国多年来的航空母舰空缺，而且也以 6.5 万吨的满载排水量，创造了英国海军航空母舰吨位的最高纪录。该舰预计2018年开始飞行试验，2020年形成初始作战能力。该级2号舰"威尔士亲王"号于2011年5月开工，现已完成了结构建造工作。

鉴于"伊丽莎白女王"级航空母舰是英国皇家海军史上最大的战舰，英国任何一家造船厂都无法单独完成建造，因此采取了大型模块分段建造策略。其巨大的舰体被划分为6个舰体超级分段、6个中间分段、12个舷台分段和2个岛式上层建筑，由4家公司的6家造船厂共同建造，最后将这些舰体分段运往罗赛斯造船厂进行总装。不过因美国F-35B战斗机开发十分不顺，英国曾一度考虑改成搭载开发较为顺利的F-35C战斗机，但在此期间，"伊丽莎白女王"级航空母舰的建造进度的也一再被推迟，这样美国战机的拖延反倒显

得无关紧要了。

"伊丽莎白女王"级首次在大型航空母舰上采用了两台罗尔斯·罗伊斯生产的单机功率为 36MW 的燃气轮机,并成为世界上第一艘采用综合电力推进系统的航空母舰。与传统的蒸汽轮机、机械传动相比,这种先进动力系统在功率方面虽存有差距,但在系统占舰内体积比例、动力系统重量、动力分配灵活性等方面有很大优势。

"伊丽莎白女王"级航空母舰舰长 280 米、舰宽 73 米。它的飞行甲板总面积约 1.6 万平方米,涂有防滑抗热涂装,舰首设有一个仰角 12 度的滑跃甲板,最多能容纳 40 架左右舰载机,包括 4 架直升机和 36 架 F-35B 战斗机,机库最多可容纳两个中队共 25 架 F-35B。在通常情况下,该级航空母

在朴茨茅斯港中进行最后舾装的"伊丽莎白女王"号航空母舰

海上"巨无霸"

"伊丽莎白女王"级计划搭载的EH-101"灰背隼"直升机

舰舰载机搭载方式为24架F-35B和10架EH-101"灰背隼"直升机，或者45架"海王"级中型直升机。

在搭载36架F-35B的情况下，"伊丽莎白女王"级航空母舰在作战首日可出动108架次的战斗机，与美国超大型航空母舰的20天仍可维持每日36架次的水平相接近。这样在开战的前五天内，该航空母舰最多能出动396架次，而已退役的"无敌"级航空母舰则只能出动50至60架次。最为

一、世界航空母舰扫描

关键的是，该航空母舰能在15分钟内让24架飞机起飞，能在24分钟内回收24架飞机。

不过"伊丽莎白女王"级航空母舰的防御手段较差，只装有3座美制"密集阵"近程防御武器系统和4座DS30B型30毫米舰炮，以及箔条、诱饵和电子干扰设备等。它的防御体系很难抵挡住对方战机和导弹的多方、多层次的攻击。

航行中的"伊丽莎白女王"号。该舰目前仅搭载了直升机，作战性能有待提高

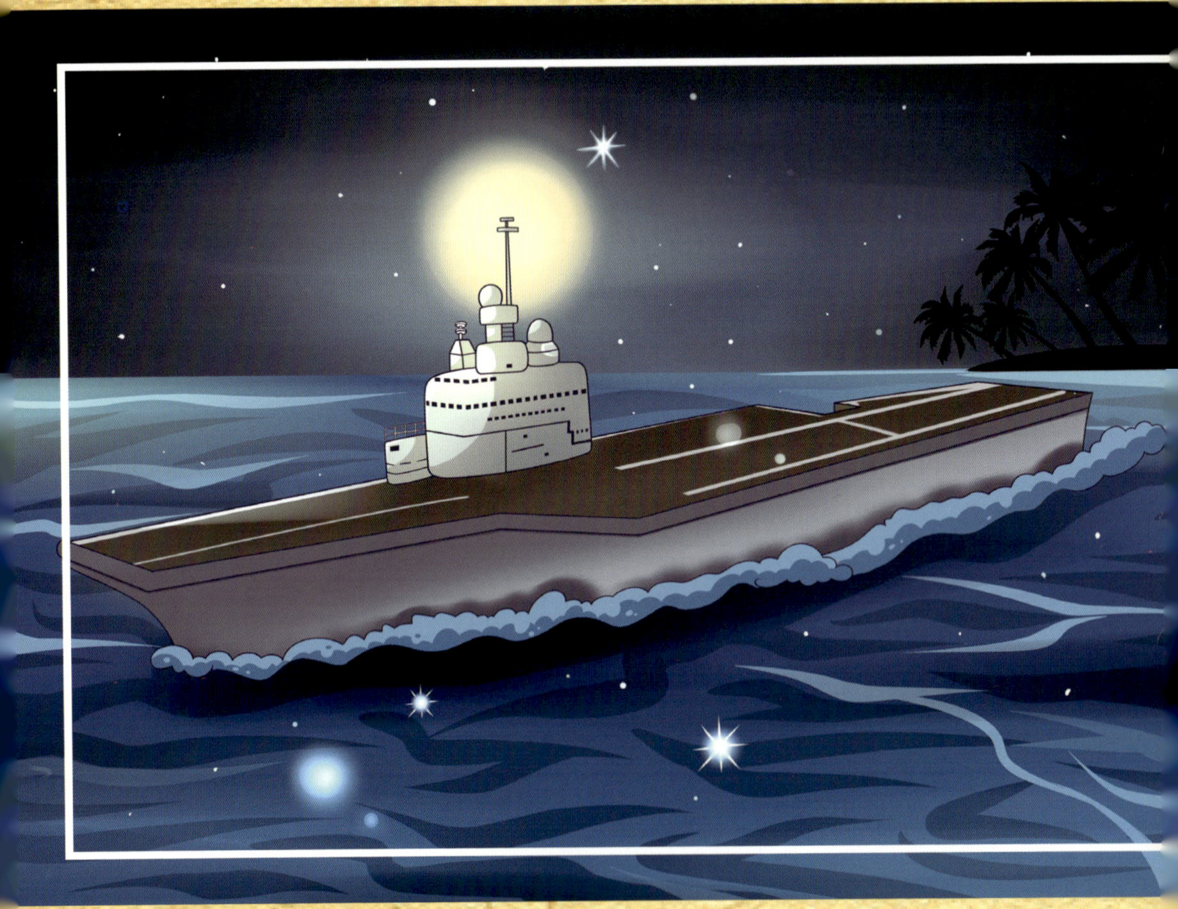

小巧玲珑的法"戴高乐"号

"和英国皇家海军一样，我们也建造两艘满载排水量为2万吨的航空母舰"。

1975年，法国相关造船设计与建造部门十分看好英国"无敌"级航空母舰方案，且信心满满地提出了一个由法国自行建造，名为PA-75的2万吨级轻型核动力航空母舰方案。

但是该方案一提出，立即遭到主张发展大甲板传统起降航空母舰的法国海军高层人士的猛烈批评。

此后经过多次反复争论与修改后，法国新一代核动力航空母舰最终决定采用传统的固定翼舰载机起降设计，而不再是效仿英国皇家海军"无敌"级那种短距起飞/垂直降落方案。

1980年，法国海军正式确立建造核动力航空母舰的政策，且此种新型核动力航空母舰满载排水量约4万吨，几乎是法国海军所能负担的最大极限，最初预计建造两艘。

也许法国航空母舰天生就是"难产儿"，该级航空母舰首制舰原本打算采用法国历史上著名的大主教黎塞留的名字来命名，后经过数次变更，又成为"戴高乐"号。被誉为"法国历史上最伟大的人"的戴高乐，曾于第二次世界大战期间创建并领导自由法国政府抗击德国的侵略。在战后成立法兰西第五共和国并担任第一任共和国总统。以"戴高乐"名字命名的这艘核动力航空母舰，是法国历史上拥有的第十艘航空母舰。它不仅是法国第一艘核动力航空母舰，也是世界海军有史以来唯一一艘不属于美国海军的核动力航空母舰。

尽管"戴高乐"号航空母舰的设计方案早就确定，但是

2009年时的法国"戴高乐"号核动力航空母舰

其后的正式建造日期，却由于法国政府的改选而一再延宕，直到1986年2月才由法国国防部部长签署了本舰的建造命令。

1987年11月24日，法国船舶建造局在法国武器装备、技术部门，以及法国原子能委员会的协助下，终于确定了"戴高乐"号航空母舰的设计工作，并切割该航空母舰的第一块钢板，于1989年4月安放龙骨，在船坞内开始组装，于1994年5月下水。

然而，"戴高乐"号航空母舰实际上到1999年正式驶入地中海才算正式成军。该级第二艘原本还打算使用"黎塞留"主教的名字，且最初预计在1992年开工，在2004年服役，

海上"巨无霸"

与美国海军"企业"号核动力航空母舰并列航行的"戴高乐"号

但终因1990年代法国国防预算删减,导致"黎塞留"号航空母舰的建造计划被搁置。后来又几经周折,于2000年代初决定重新设计第二艘航空母舰,并将其改为常规动力。由此,"戴高乐"号核动力航空母舰真正成为法国航空母舰史上采用核动力装置独一无二的"孤品"。

"戴高乐"号航空母舰飞行甲板长264米,宽64.36米,

面积共 12000 平方米，相当于一个半标准足球场面积大小。舰上机库长 138.5 米，宽 29.4 米，高 6.1 米，面积 4600 平方米，可同时容纳 20-25 架固定翼飞机停放、维修，机库四周设有维修工厂与飞机零件库。

飞行甲板的区域设置和美国"尼米兹"级航空母舰相似，位于左舷有一条长 195 米的跑道，与舰身轴心有 8.5 度的夹角，上面装有两具美制 C-13 蒸汽弹射器，以轮流运作的方式让舰载机弹射升空。两具弹射器交互使用时，每 30 秒就可让一架飞机起飞。飞行甲板尾端则有三组降落拦阻索，以及一组在紧急时使用的拦截网。包括全自动航空母舰降落系统、光学辅助降落系统和 DALAS 激光辅助降落系统，能让以超过 275 千米/小时速度降落的舰载机在 75 米内顺利停止，可在 12 分钟内让 20 架飞机降落。右舷舰岛后方处设有两具升降机。

"戴高乐"号航空母舰的防护能力也极强。全舰从飞行甲板至舰底形成一个完整的箱型堡垒式构造，舰岛使用凯夫拉装甲以及轧制钢来强化抗击能力。为了避免受损时产生连锁引爆，轮机舱与弹药库周围的舱壁都以装甲强化，并采用前后分散布置，与之相邻的舱房也以装甲舱壁隔开。

"戴高乐"号的舰桥指挥室

全舰由19道纵向舱壁划分为20个水密舱区，水线以下的舰体采用双层或多层船壳设计，并锐意强化舰底强度。舰内总共划分为2200个舱室，由舰底到舰桥顶部共15层甲板。"戴高乐"号拥有完全符合北约标准的核生化防护能力，舰上绝大部分舱室都采用气密式结构，使用加压系统可使舱压高于外界压力，避免核爆尘或生化武器入侵。

别看"戴高乐"号航空母舰形体不大、吨位小，可它的航行及飞机起降性能一点也不比美国"尼米兹"级航空母舰差。其纵向摇晃可被控制在0.5度以内，即使在六级海况下，仍能让25吨级固定翼舰载机起降。更令以"尼米兹"级航空母舰汗颜的是，当以20节航速、30度舵角转弯时，舰体

一、世界航空母舰扫描

仅倾斜1度。

不过法国充其量也就是一个地区大国，建造航空母舰数量又极其有限。为了节省经费，"戴高乐"号航空母舰并没有重新设计的核反应堆，而是采用了两座与法国新一代"凯旋"级弹道导弹核潜艇相同的K-15核反应堆，结果给"戴高乐"号航空母舰造成了重大缺憾——动力严重不足，总输出仅7.62万轴马力（远不及其早先的常规动力"克莱蒙梭"级，约为12.6万轴马力），导致航速太慢。在海试中，"戴

法国空军装备的"阵风"战斗机，"戴高乐"号装备的舰载机为其改进型

083

海上"巨无霸"

高乐"号跑出的最大航速仅25节,而"克莱蒙梭"级的最大航速为32节。

不过"戴高乐"号航空母舰的承载力倒是很强的。舰上最多能容纳40架以上各型舰载机,包括24架法国"阵风-M"型战斗机(必要时可增至30架以上)、4架空中预警机和5-6架的直升机,平均每日最多可出动75架次,这个兵力规模差不多是攻防兼备的航空母舰的最低下限。

该舰的防御自卫能力并不强,主要装有4座8单元由ARABEL相控阵雷达及垂直发射"紫菀-15"短程防空导弹和2座6联装"萨德拉尔"近防系统。此外还有8门20毫米单管炮,用于日常警戒。"戴高乐"号原想购买美国"战斧"巡航导弹,但美国拒绝出售。无奈之下,法国只好和英国联合开发"风暴阴影"导弹。"戴高乐"号航空母舰刚服役不久,"风暴阴影"巡航导弹研制成功,于是法国人立即把这种导弹装备到"戴高乐"号上。

模样有点呆头方脑的"风暴阴影"是世界上第一种隐形巡航导弹。它可利用雷达的"盲区效应",在距地面100米内的低空突防,大大提高了突破能力。在飞行中段采用GPS全球定位加地形景像匹配制导,末段采用红外成像精确制导,因而具有极高的打击精度。新的制导方式可保证这种巡航导弹,即使全球卫星定位系统受到干扰或收到虚假信息时,导弹仍具有足够的精确度和可靠性。"风暴阴影"还大量采用了人工智能技术,可以自动识别目标,堪称当今世界上最完

一、世界航空母舰扫描

性能优异的"风暴阴影"巡航导弹

备和最聪明的隐形导弹。

　　正是由于"风暴阴影"性能在多个方面优于美国的"战斧"巡航导弹，于是美国开始向英国出售先进"战斧"4战术巡航导弹，同时也向法国招手，但高昂着头的法国人像高卢雄鸡一样，不再理睬美国人。

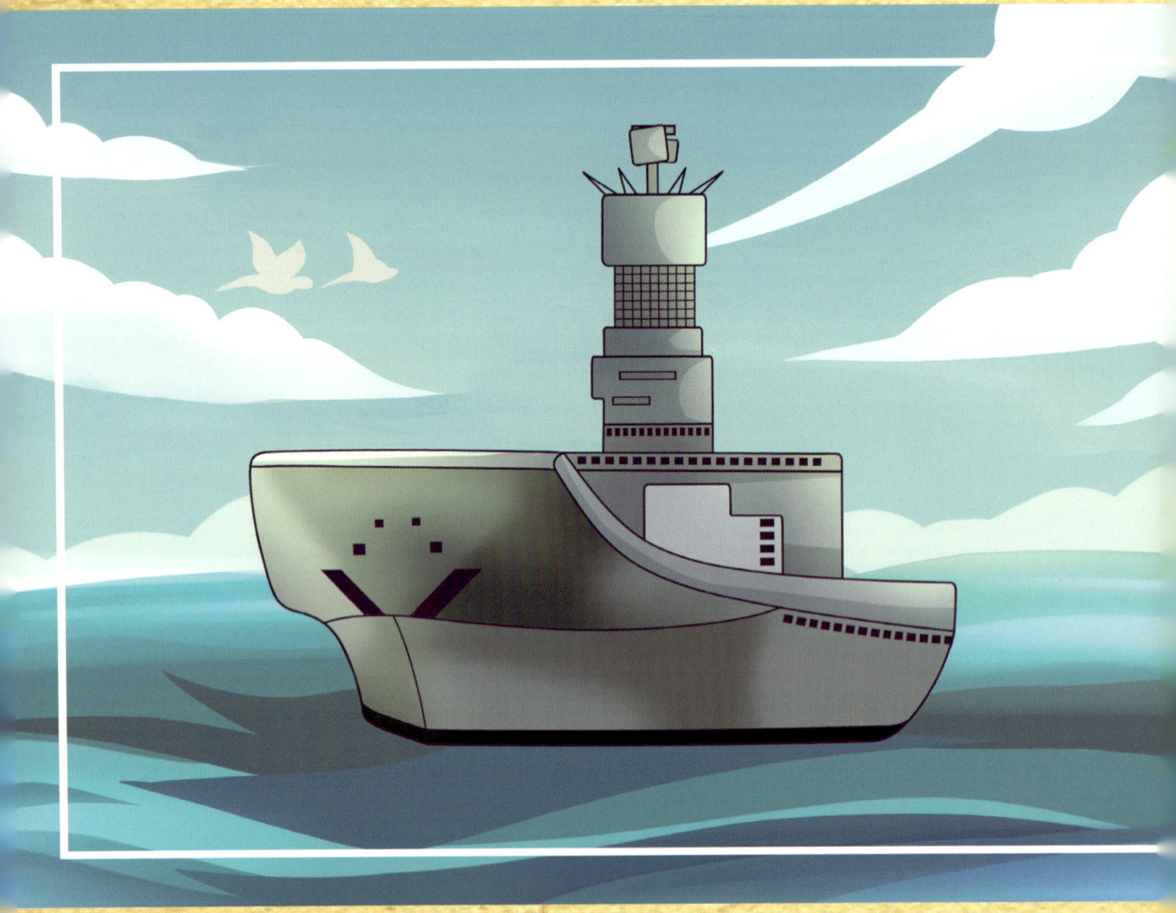

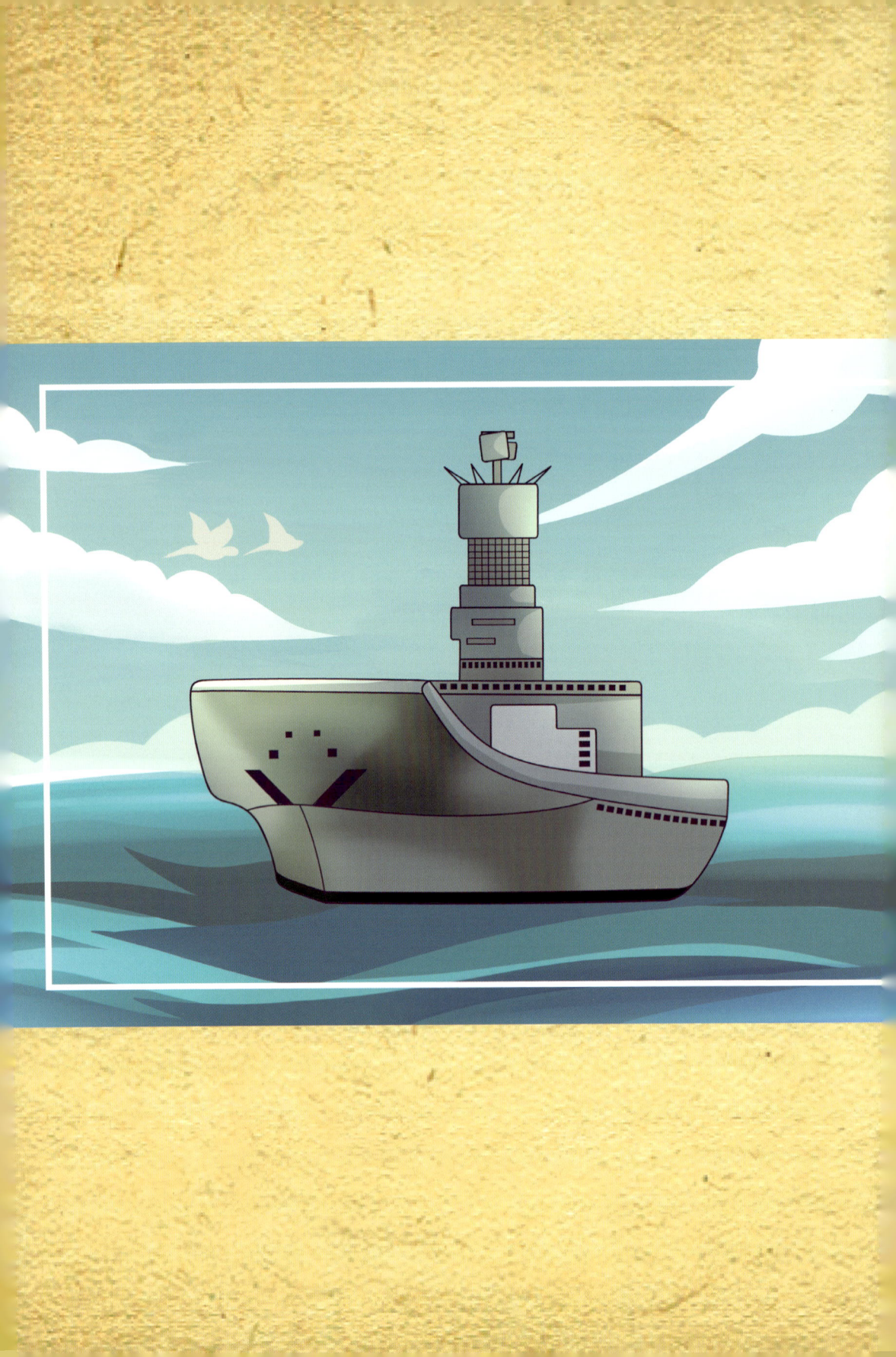

跃跃欲试的印"超日王"号

海上"巨无霸"

已退役的印度老航空母舰"维拉特"号

进入 2018 年没多久,印度国防部长突然发表了一通令人费解的讲话,"在亲眼看见西方舰队的勇敢后,我对印度水师守卫国家、抗击任何敌人的威力坚信不疑!"

尽管多数人对于这位部长大人的讲话,着实有点丈二和尚摸不着脑袋,不过令他们大为不解的是,一直偏好航空母舰的印度海军,为啥在很短的时间内,航空母舰数量竟会比印度海军司令所称的需求数量少了两艘。其实,少了的这两艘令世人耳熟能详的国产航空母舰是:"维克兰特"号与"维沙尔"号,并非真少了,只是它们的建造进度一拖再拖,最早也要于 2020 年至 2032 年间才能竣工交付印度海军。

是啊！随着"58 岁"的老航空母舰"维拉特"号于 2017 年 3 月"解甲归田"，如今的印度海军只剩下"维克拉玛蒂亚"号（印度语意为"超日王"）一艘航空母舰在运行。

说起"超日王"，在印度可算是一个家喻户晓，且充满了神秘色彩的人物。他是印度笈多王朝的第三代君主，公元 375–415 年期间在位。印度历史记录为旃陀罗·笈多二世，汉译将其王号译为"超日王"。超日王的父亲是印度笈多王朝的第二代君主沙摩陀罗·笈多，也称"海护王"，公元 335–375 年期间在位。

印有"超日王"骑马图案的金币

刚服役不久的苏联"戈尔什科夫海军元帅"号航空母舰

其实，印度的单航空母舰历史早就有过。不少人大概还记得：20多年前的1997年，当时的印度海军也仅剩下"维拉特"号一艘航空母舰。这艘第二次世界大战期间建造的英制航空母舰"维拉特"号（又译为"巨人"号），虽然经过几次大修，但性能总是一般，当时估计该舰最多只能撑到2010年左右，所以印度海军当时马上着手筹划购买或改建下一代的航空母舰。

一开始，印度曾决定等待法国海军"福熙"号退出现役后，立即购买，但由于退役时间迟迟不确定，且对其寿命究竟能延续多久不清楚，最后只好作罢。

1999年1月，印度重新向俄罗斯采购一大笔军火，陆海空武器一起上，其中比较大项的有：苏-30MKI战斗机、T-90主战坦克，以及"戈尔什科夫海军元帅"号航空母舰（"戈尔什科夫海军元帅"号是苏联海军"基辅"级航空母舰的最后一艘）。

与"基辅"级前三艘姊妹舰相比，"戈尔什科夫海军元帅"号航空母舰在装备上进行了诸多重大改进，例如舰上的侦测系统、武器系统等，都与随后出现的苏联第三代"库兹涅佐夫"号航空母舰大致相当。所以一定意义上，它应该是后者的验证舰。

如果你仔细观察，"戈尔什科夫海军元帅"号的舰岛造型与"库兹涅佐夫"号极为相似，舰岛上方安装有"天空哨兵"相控阵雷达的四个巨大天线阵面，舰上装设的短程防空导弹统一为垂直发射的 SA-N-9、SS-N-12。反舰导弹的数量也由本级前三艘舰的 8 枚增至 12 枚。

有一个极其经典的段子：据说 1998 年，俄罗斯总理访问印度期间曾大嘴一张，说道："俄罗斯有意将'戈尔什科夫海军元帅'号的舰体无偿赠送给印度"。

当时的印度总理瓦杰帕伊既不懂军事，更不懂的航空母舰，一听说能白得一艘航空母舰，真是喜出望外！连说"好！好！"

2000 年 10 月，俄罗斯总统普京正式访问印度。

期间，普京总统在谈到航空母舰问题时，直截了当地提出："航空母舰可以给贵国，但重新整修、改装，以及舰上装备、舰载机机队组建的费用，必须由印度自行负担！"

此言一出，印度人当场愕然。

此后，俄印双方就在价格问题上不断扯皮，结果使得原本很快就要开始进行的装修工程一拖再拖，大大耽搁了下来。

直到 2004 年 1 月 20 日，印度与俄罗斯之间延宕三年多的改装费用拉锯战，终于"尘埃落定"。双方谈定：整个改装工程由俄罗斯的北德文斯克造船厂负责，印度付给总金额 15 亿美元，其中舰体部分的整修重建将耗资 9.7 亿美元，其余 5.3 亿美元用于舰载机的购置，签约的舰体最后完成工期为 52 个月。

即使从今天的角度看，"戈尔什科夫海军元帅"号航空母舰尽管有点老旧，但依然称得上是一个海上"巨无霸"。

它的标准排水量为 3.8 万吨，满载排水量达 4.5 万吨。舰长273 米，宽 31 米，吃水 10.8 米。动力系统为八台锅炉、四座蒸汽涡轮机，采用四轴推进，可输出 20 万匹轴马力，最大航速可达 32 节，航速 18 节时续航力 1.35 万海里，人员编制 1200-1600 名。

不过从作战理念和武器配备上，苏联的航空母舰与美国等西方航空母舰有着很大不同，它又是一座地地道道的大型"海上武器库"。搭载有 12 或 13 架雅克 -38 战斗机、14 到 17 架卡 -25 直升机或卡 -27 直升机，外加 24 组八联装 SA-N-9 防空导弹垂直发射器，六组双联装（共 12 枚）SS-N-12 反舰导弹，两门 100 毫米舰炮、8 座 AK-630 30 毫米机炮、10 具 533 毫米鱼雷管，以及两座 12 联装 RUB-6000 反潜火箭发射器，其火力配置几乎和大型巡洋舰或驱逐舰的火力相差无几。

为了把"戈尔什科夫海军元帅"号航空母舰的舰载机起降模式改为与俄罗斯"库兹涅佐夫"号航空母舰相同的短距起飞/拦阻回收方式，以确保米格 -29K 固定翼舰载机的正常起飞。俄罗斯工程技术人员真是绞尽了脑汁，用尽了手段，首先是把舰面上原有的武器防空导弹与反舰导弹等全部拆除，并在舰首加装 14.5 度的滑跃甲板；其次，对飞行甲板的结构与布局也进行大幅变更，左舷加长了一段斜角甲板作为飞机降落动线，并扩大了飞行甲板面积，右舷甲板也向外延伸，在飞行甲板后端设置三根拦截索。

在船坞中进行改造中的"戈尔什科夫海军元帅"号,此时已更名为"维克拉玛蒂亚"号

2012年7月,经过七八年时间改装完成的"维克拉玛蒂亚"号(即"戈尔什科夫海军元帅"号)缓缓驶入巴伦支海,展开为期124天的海上测试。最初"维克拉玛蒂亚"号航空母舰预定在2012年12月交付印度海军,但计划赶不上变化。由于航空母舰改装的问题和毛病太多,使得北德文斯克造船厂交付航空母舰的时间一延再延,弄得印度海军也毫无脾气,只能忍受。虽反复催促,但俄罗斯不断地找各种理由予以搪塞,加之俄罗斯北方海域海况恶劣,一到冬天更是险象环生,各种意外事件随时都有可能发生,印度人只好忍着。

好在"维克拉玛蒂亚"号航空母舰最后交付的时间定于2013年3月。不过,印度人心里始终不踏实,因为不知道接

一、世界航空母舰扫描

下来还会发生什么问题？

果然不出所料！2012年9月中旬，在"维克拉玛蒂亚"号航空母舰海上测试期间，又传出了推进系统发生故障的消息。俄罗斯联合造船集团后来也承认：有3个锅炉无法以全功率输出，航速仅能达23节。面对推进系统频频发生故障这个致命问题，一开始俄、印双方仍决定低调处理，先进行其他不冲突的测试项目，包括舰载机起飞与降落测试、检测舰上电子设备和武器系统等。当然，在这之后难度最大的就是米格-29K的甲板起降测试，展开时间分别于2012年8月和9月。

2012年9月，"维克拉玛蒂亚"号航空母舰凯旋回厂，

在海试中执行转弯测试的"维克拉玛蒂亚"号

海上"巨无霸"

正降落在"维克拉玛蒂亚"号上的米格-29K型舰载机

紧接着它还面临着舾装等问题。

"怎么办？"印度率队舰长立即向国内请示。

"让上舰操作的400多名印度海军官兵大部分先回国，留下你及其他40名军官，到造船厂监督相关的测试工作与剩下的工程作业。"

很快，新一轮的工程与维修展开了，其中最主要的一项维修工作就是更换炉内的耐火砖。因为一开始技术人员并没有想到锅炉炉内温度之高，而炉内壁耐火砖因承受不住长期烧烤，时常发生脱落或毁坏的情况。

症结找到了，医治起来就容易了。俄罗斯北德文斯克船厂针对该舰的推进系统进行全面维修与检查，该修理的修理，该换件的换件。到2013

一、世界航空母舰扫描

夕阳下航行在波罗的海上的
"维克拉玛蒂亚"号

年2月1日，俄罗斯联合造船集团宣布："维克拉玛蒂亚"号航空母舰上的锅炉已经全部修复。随即，"维克拉玛蒂亚"号就等待着拖回到船坞中，为重新出海的测试做准备，这次重点准备包括检查水下船体与螺旋桨推进器等。

海上"巨无霸"

"海试开始!"

2013年5月,修葺一新的"维克拉玛蒂亚"号航空母舰再度踏上海试的征程。这次海上试航相当顺利,因此觉得时间过得很快。这年7-9月航空母舰海试进入了关键时期和收尾阶段。

在7月28日的一次试航中,该航空母舰跑出了29.2节的速度,基本达到了设计要求。8月初,"维克拉玛蒂亚"号航空母舰又完成了一项关键指标,通过了蒸气推进系统的第一阶段测试。8月下旬,"维克拉玛蒂亚"号航空母舰又成功进行了米格-29K的夜间起降测试。

也许是老天开恩,这次还是一切进展顺利。到了9月下旬,"维克拉玛蒂亚"号便完成所有海上测试。

进入这年的11月中旬,苏联的北德文斯克军港已是万木萧疏,凉气袭人了。11月16日,该基地专门举行了一场颇为隆重的交接仪式,苏联正式向印度移交了这艘修葺一新的"超日王"号航空母舰。

先后共花了23.5亿美元才拿到手的"维克拉玛蒂亚"号总算圆了印度部分人的航空母舰梦。

意大利"航空母舰双雄"

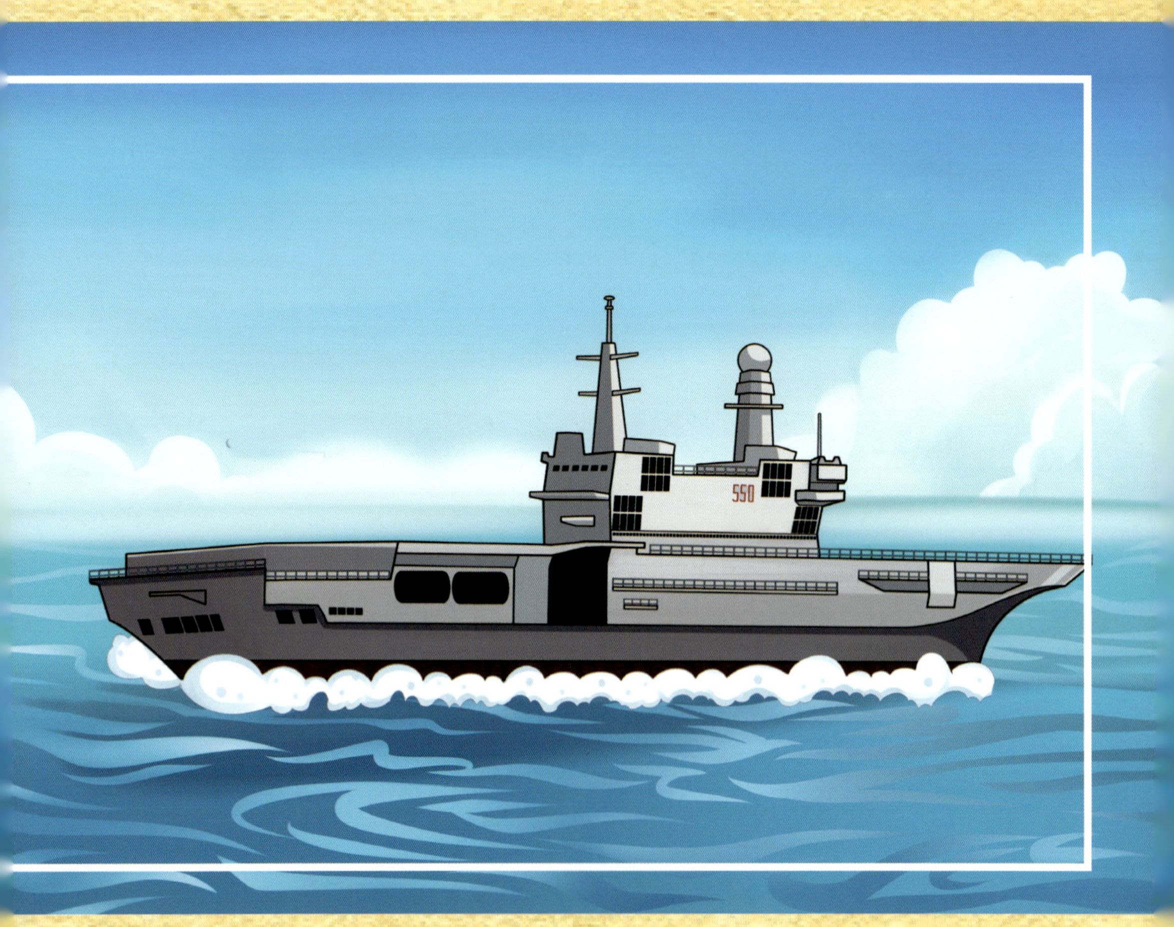
550

一、世界航空母舰扫描

与美国"尼米兹"级"杜鲁门"号航行在一起的"加里波第"号。该舰显得如此"娇小"

很多人不知道，意大利有一对"航空母舰双兄弟"："加里波第"号和"加富尔"号。老大"加里波第"号长得又瘦又小，舰长只有180米，舰宽33.4米（而飞行甲板仅为30.4米），吃水6.7米，标准排水量刚过1万吨，而满载排水量也只有1.385万吨。这个块头与吨位，和当今的大型导弹驱逐舰也相差无几，是美国超大型航空母舰的1/10。

这艘曾经世界最小航空母舰（但如今这个世界最小航空母舰称号，已属于泰国航空母舰了），问世于上个世纪70年代中期，当时苏联海军加速崛起，大中型舰艇数量明显增加，海上舰队频频出现在地中海，意大利、法国等国普遍感

海上"巨无霸"

受到了"北方白熊"实实在在的威胁。更令意大利感到恐惧的是,地中海沿岸导弹舰艇的潜在威胁在不断增加,特别是高性能潜艇的水下活动显著增加,这些都使得意大利海军认定,需要大量的舰载直升机在舰队和护航船队活动海域内,部署反潜或反导弹舰艇的搜索网,而且更需要有一种大型战舰,能搭载重型直升机迅速部署到海上。

出于这种需求,意大利海军精心制定了一项《1975至1984十年海军规划》。该规划首次提出建造一艘"载机巡洋舰",公开宣布要能够搭载反潜直升机。然而很快,不同的声音就出来了,海军内部有不少人强烈要求,该舰必须具备搭载AV-8B"海鹞"垂直起飞/短距降落飞机的能力,并主要用来执行反潜任务,同时要兼具防空作战。需要时,还应作为意大利海军的旗舰,能够担负指挥和控制任务。

1977年11月,意大利海军与意大利造船集团签订了一项设计直升机母舰项目的合同。这艘舰一开始被称为直通甲板巡洋舰,后又改称直升机巡洋舰,到了下水时又称为航空护卫巡洋舰。不过意大利空军却竭力反对使用这个名字,并接连利用法律授予的权利,千方百计阻止拨款购买垂直/短距起降飞机。

1981年3月,新航空母舰在意大利蒙法尔科内的船坞建造开工,1983年6月11日下水,1984年12月开始海上试验。1985年9月30日,这艘新航空母舰作为意大利海军的旗舰加入现役,舷号C551,使用意大利民族英雄朱塞佩·加里波

一、世界航空母舰扫描

意大利民族英雄朱塞佩·加里波第的肖像

第的名字来命名。

今天也许有人并不知道"加里波第"这个名字。他在我国清末民初时期，曾是中国知识分子们非常关注的一位外国人。戊戌变法失败后，梁启超写了《意大利建国三杰传》，详细讲述了加里波第、马志尼和加富尔三人的事迹。1902年，梁启超写过的剧本《英雄情史》的主角也是加里波第。

尽管意大利海军积极筹建航空母舰，但因意大利是二战

103

海上"巨无霸"

战败国,战后条约禁止意大利拥有航空母舰,所以"加里波第"号在服役初期,除了少数北约联合演习的场合,曾有英国皇家空军所属的"鹞"式战斗机起降过外,本舰仅配有直升机,并将它归类为航空巡洋舰。

十分尴尬的是,直到1986年参加演习时,"加里波第"号依然只能搭载直升机。

"怎么办?不搭载固定翼舰载机,就不叫真正的航空母舰!"

意大利海军参谋长谈到此事时激动地挥舞着拳头。

"这要经过国会批准,修改过才行。"

"加里波第"号搭载的
SH-3D"海王"直升机

"目前，空军坚持要统一管理固定翼飞机！"有人点出了问题的关键。

"我们海军要买飞机，为啥要由空军管理？"海军参谋部内不少年轻军官愤愤不平。

原来，早在二战之前，意大利和当时的德国一样，曾做出一项规定：所有的固定翼飞机必须由空军来管理。这项规定一直延续下来，始终没有改变。

"既然是议会决定的，那就由议会尽快改变决定吧"。

海军参谋长认为有必要把这项不符合时代潮流的规定，交由议会重新改变过来。

1987年1月，经过多方周折，意大利议会最终修改了这项二战前制定的"关于固定翼飞机由空军一家独揽"的规定，允许"加里波第"号航空母舰搭载固定翼的"海鹞"式AV-8B战斗机，并交由意大利海军指挥。

而实际上，早在1986年11月到1987年3月间，"加里波第"号就开始进行一系列改装，以便于搭载英国的"海鹞"战斗机。

1987年8月，"加里波第"号航空母舰正式列入编制，并以塔兰托作为航空母舰母港。1990年，意大利海军订购了12架装有APG-65型雷达的"海鹞"AV-8B战斗机。

"加里波第"号航空母舰采用传统舰面设计与建造，岛型上层建筑位于右舷，飞行甲板为连续直通甲板，与战舰等长，总面积达4150平方米，相当于半个标准足球场面积大小。

海上"巨无霸"

降落在"加里波第"号上的"海鹞"AV-8B战斗机

飞行甲板前端装有高1.7米、长33米、角度为6.5度的滑跃式甲板，使飞机能加速起飞，甲板上还可以加装12度滑跃角，确保短距起降/垂直降落战斗机更快速地升空。甲板上可停放6架AV-8B或6架SH-3D"海王"直升机。此外，起降甲板上涂刷特种耐热涂层，以确保上述飞机垂直起降。

机库设在飞行甲板下面，长110米，宽15米，高6米，

最大高度6.35米，最低高度5.9米，总面积达1650平方米，可停放12架AV-8B或12架"海王"。飞行甲板下方有6层甲板，上层建筑共5层，上层建筑房间总面积约700平方米，上层建筑前部是航行驾驶台，后部是飞行控制中心。全舰分为13道水密舱。

说老实话，"加里波第"号航空母舰在设计之初，主要任务是反潜作战。为了胜任这项任务，意大利海军为它配备了标准的载机方式：8架"海鹞"AV-8B战斗机和8架"海王"反潜直升机。一旦加大反潜任务，也可增加到16架"海鹞"AV-8B或18架"海王"直升机。1993年，意大利海军专门为"加里波第"号航空母舰进行了载机试验，先后分别配置16架"海鹞"AV-8B和18架SH-3D"海王"式直升机（其中，12架收容至机库，6架存放于甲板上）。

提及AV-8B战斗机，就必须从它的"老祖宗"——"鹞"式战斗机说起。这款战斗机是由英国霍克飞机公司和布里斯托尔航空发动机公司联合研制的，它是世界上第一种实用型的短距起飞/垂直降落战斗机。它的主要作战任务是进行海上巡逻、舰队防空、

海上"巨无霸"

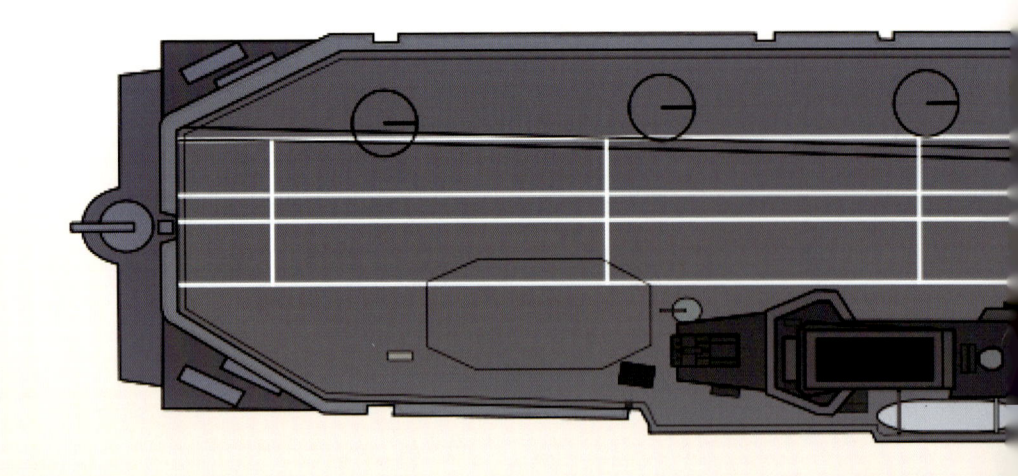

攻击海上目标、侦察和反潜等。

早在1966年8月31日,"鹞"式战斗机就展开首飞,1969年4月正式装备部队。之后,又改进细分为:"鹞"系列、"海鹞"系列和"鹞Ⅱ"系列三个类型。美国曾向英国进口了"海鹞"系列,对其改进后称为AV-8B,并在美国海军陆战队中服役。"鹞"式战斗机是单座单发战斗机,最大起飞重量达14吨,最高时速达1085千米,作战半径1100千米;机上可携带导弹、炸弹、火箭和机炮等多种武器。该战斗机还有一点非常突出,安装有前视红外探测系统,夜视镜等夜间攻击设备,因此夜战能力很强。

该战斗机具备不少其他战斗机所不具备的特点:一是起飞滑距距离短,不到F-16战斗机的三分之一,可在365米

一、世界航空母舰扫描

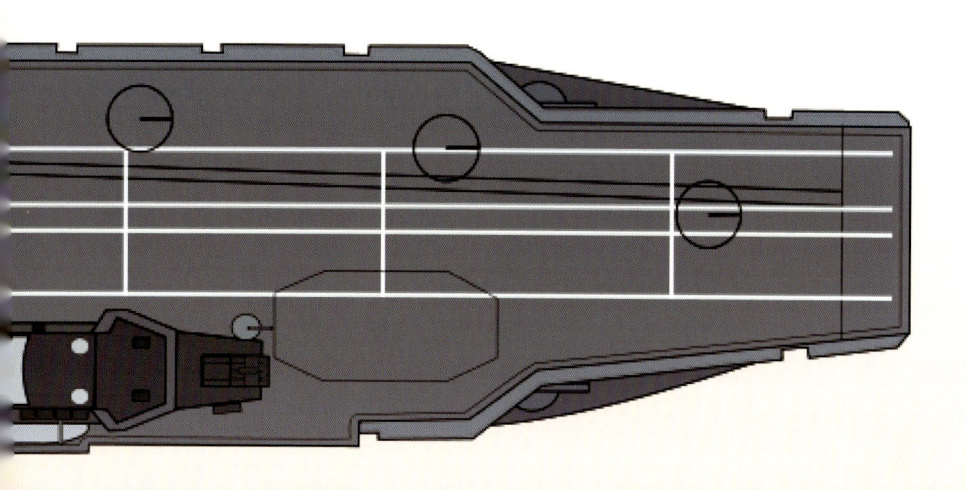

"加里波第"号航空母舰的甲板俯视图

长的场地起飞,非常适于前线使用;二是不必依赖永久性基地,可以机动、灵活和分散配置;三是采用体积小、重量轻、功率大、启动快、操纵灵活的燃气轮机,从静止状态到全功率状态只需3分钟,最大航速达30节,机动性极强。但是随之也带来一些不利因素:垂直起降时航程短,载弹量小,而且操纵比较复杂,事故率较高。

曾荣膺世界上吨位最小航空母舰称号的"加里波第"号,虽然个头不大、吨位小,但却经过周密细致的设计,"舰小功能大",最多可载16-18架飞机,且舰上武器配置齐全,反舰、防空及反潜三项任务兼备,既可作为航空母舰编队的指挥舰,又可单独行动。

109

海上"巨无霸"

编队航行中的"加里波第"号

一、世界航空母舰扫描

（二）

意大利海军中的航空母舰"老弟""加富尔"号，无论是块头，还是吨位，都比"加里波第"号航空母舰要大上一倍。可是它若与美国的大型或超大型航空母舰相比，简直就是"小巫见大巫"！

通过与"加里波第"号航空母舰仔细比较，"加富尔"号航空母舰的舰体尺寸与排水量都增加了许多，后者舰长235.6米、舰宽39米，吃水7.5米，满载排水量达到了2.7万吨（几乎是前者的两倍）。舰上还装设了许多新式武器装备，包括相控阵雷达和导弹垂直发射系统，舰载机采用起飞垂直降落的滑跃方式，可以起降鹞式战斗机和F-35战斗机。除了原本"加里波第"号航空母舰传统的反潜、空中突击作战任务外，"加富尔"号航空母舰还被赋予支援两栖作战，以及执行人道维和、救灾任务，因此不仅具备两栖作战指挥能力，而且还具备医疗设施与收容难民的能力。

与世界上绝大多数国家航空母舰一样，"加富尔"号航空母舰依然采用长方

海上"巨无霸"

停泊在港口的"加富尔"号航空母舰。该舰具备典型的滑跃式甲板

形全通式飞行甲板,长方形舰岛位于右侧。在飞行甲板前方左侧,安装有倾斜角12度的滑跃甲板,以供短距起飞／垂直降落战斗机使用。"加富尔"号航空母舰从舰底到飞行甲板共有9层,舰桥内则有5层。舰体最底部的两层甲板用来安装主机／辅助轮机设施、推进系统、弹药库以及生活舱区。

该舰的"心脏"相当强劲,采用了传统的复合燃气涡轮与燃气涡轮系统,使用四具美国通用动力公司授权意大利菲亚特公司生产的LM-2500燃气涡轮,双轴推进,总输出功率达12万马力,最大航速达29节,以16节速度航行时续航

一、世界航空母舰扫描

力 7000 海里。而舰上的电力供应则由六具总功率 2.2 兆瓦的发电机组完成。

舰上还安装有多双"明亮的眼睛",即位于烟囱旁的 RAN-40L 3DD 频长程对空搜索阵列雷达、安装于前桅杆顶端的 SPY-790 EMPAR 多功能 3D 相控阵雷达、安装于舰桥顶部的 RAN-30X /I RASS 监视雷达、敌我识别器与导航雷达等。其他装备包括雷达/光电射控系统、SASS 红外线监视系统、水雷回避声呐,以及拖曳式鱼雷探测阵列声呐等。舰上的 RASS 监视雷达主要担负水面监视、有限的空中监视、导航、直升机管制、掠海导弹探测等工作。

实际上,航空母舰不论大小,均非常需要各种防御武器来保卫自己的安全,"加富尔"号自然也不例外。该舰上最

与美国"杜鲁门"号及法国"戴高乐"号编队在也门海湾执行任务的"加富尔"号

113

海上"巨无霸"

重要的一种防空自卫装备是20世纪90年代法国、意大利合作开发的SAAM/I短程防空导弹系统，它由意大利阿勒尼亚公司主导研发的EMPAR相控阵雷达，以及由"席尔瓦"垂直发射系统发射的"紫菀"防空导弹共同组成。4组八联装"席尔瓦"A-43垂直发射系统，设置于飞行甲板左侧末端。EMPAR天线有半球型护罩保护，它的最大探测距离约180千米，可同时探测300个目标，追踪其中50个目标，并同时导引24枚"紫菀-15"防空导弹，去打击12个最具威胁性的目标。"紫菀-15"短程防空导弹是20世纪90年代

一、世界航空母舰扫描

欧洲多个国家联合研发的新型防空武器。这种导弹采用终端主动雷达制导，并使用矢量喷口，飞行极其灵活，足以拦截超音速掠海反舰导弹。除了SAAM/I之外，舰上其他武装包括3门自动化的KBA 25毫米防空机炮，分别安装于两舷与舰尾，能射击低空或水面目标。此外，"加富尔"号航空母舰还配备两门奥托·梅莱拉76毫米超快速型舰炮（射速120发/分），各由一组NA-25X火炮射控雷达系统导控，配备新型DART增程炮弹，可实现既可防空，也可近程抗击水面战舰的目的。

航行在那不勒斯海湾的"加富尔"号

"加富尔"号航空母舰除了自身的多项防御武器外，还可由"地平线"级驱逐舰和欧洲多任务护卫舰来"保驾护航"，真正形成意大利海上作战的核心和主力。

正因为如此，意大利人总爱将"加富尔"号与"加里波第"号航空母舰一起称为欧洲海上地区的"航空母舰双雄"。

115

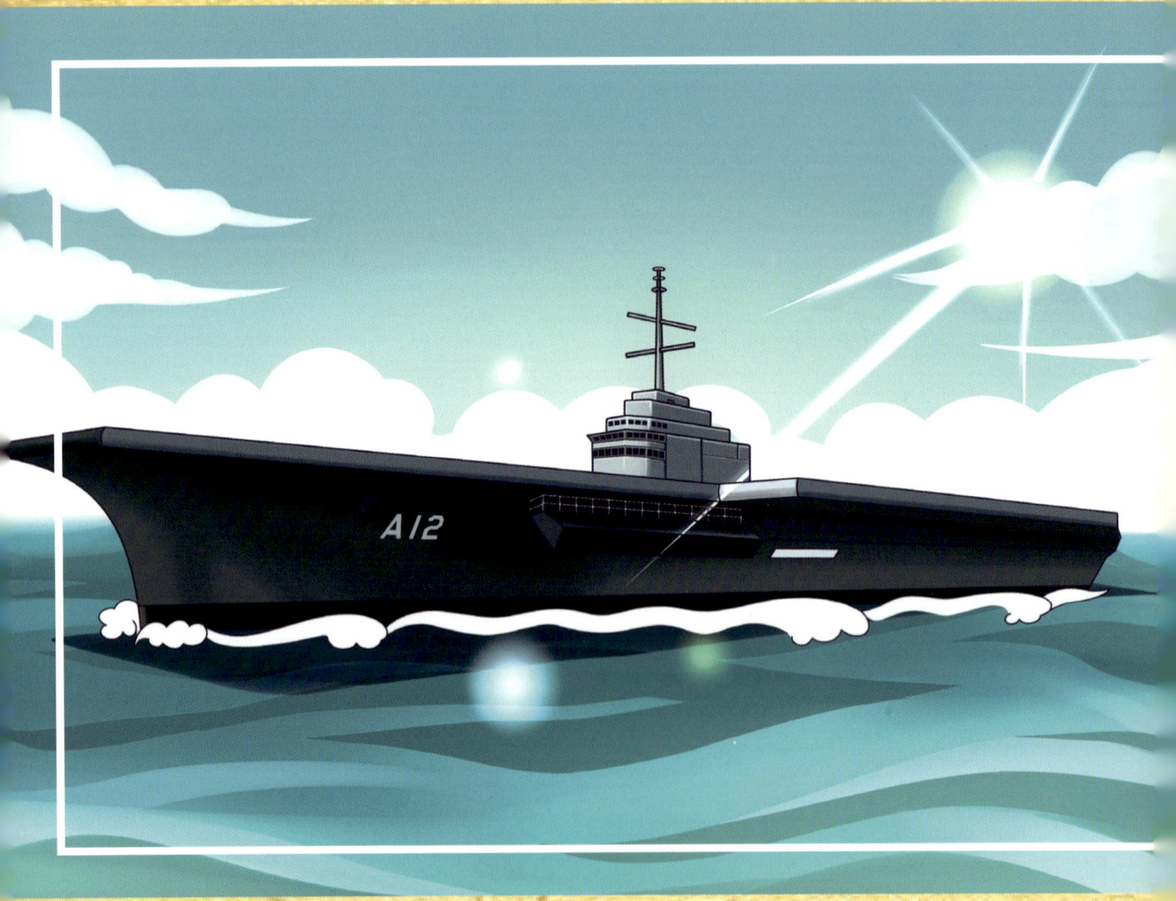
A12

二手货色的巴西"圣保罗"号

海上"巨无霸"

被巴西海军接管的原法国海军"福熙"号航空母舰

　　位于大西洋沿岸的巴西,有一艘名叫"圣保罗"号的航空母舰。如果仅看名字,似乎是地地道道的巴西国产航空母舰。其实,这艘航空母舰原为法国海军"克莱蒙梭"级航空母舰的二号舰"福熙"号。入役后就成为巴西的第二艘航空母舰。

　　可以说"圣保罗"号是全功能的、多用途攻击型的航空母舰,具有相当不错的制空、制海和反潜作战能力,它的主要任务是对海上和陆地目标实施战术攻击，攻击敌陆上军事、工业目标，并与敌方飞机作战，攻击敌水面战舰，保护和控制海上交通要道等。

早在2000年，巴西即向法国购买了这艘退役的航空母舰。当时，由于法国建造"戴高乐"号导致经济上的困难，再加上"克莱蒙梭"级"福熙"号服役时间已接近寿命期，性能早已过时，于是法国海军决定放弃了对该舰的改造计划，将其转入预备役，并准备出售。恰好此时，巴西正筹划替代原有舰龄达55年，过于老旧的"米拉斯吉拉斯"号航空母舰（A11），随后便以1200万美元的价格购进该舰。

"米拉斯吉拉斯"号航空母舰原为英国皇家海军于1945年1月服役的"爷爷级"军舰，之后又曾在英国和澳大利亚海军服役。1960年12月这艘老航空母舰正式加入巴西海军序列。

当年11月15日，"福熙"号正式移交巴西海军，命名为"圣保罗"号，舷号A-12。交接仪式完成后，法国舰艇建造局根据巴西海军的要求进行改装翻修。前后也就是改装了两个半月，到了翌年2月1日这天，"圣保罗"号缓缓驶离法国的布雷斯特港，半个月后最终抵达里约热内卢的巴西海军基地。4月，"圣保罗"号正式进入巴西海军服役。

"圣保罗"号基础条件还不错！它的前身"克莱蒙梭"级航空母舰采用了传统式设计，基本构型很大程度上参考了二战后经过现代化改装的美国"埃塞克斯"级航空母舰，舰

已退役的老航空母舰"米拉斯吉拉斯"号

长 265 米、舰宽 51.2 米、吃水 8.6 米，满载排水量 3.28 万吨，勉强跻身中型航空母舰行列。

这艘舰从最底部的龙骨到舰桥顶端，高达 51.2 米，共分为 15 层甲板。舰岛位于舰体右舷，并与烟囱整合为一。舰岛上有 3 个舰桥，即司令舰桥、航行舰桥、飞行（航空）舰桥。飞行甲板由直通式甲板及斜角式甲板两部分组成，直通式飞行甲板长 90 米，设有一部 BS-5 蒸汽弹射器，可供飞机弹射起飞，斜角式飞行甲板与舰体轴线的夹角为 8 度；斜角式甲板长 163 米，宽 30 米，也设有一部 BS-5 蒸汽弹射器和 4 道拦阻索，既可供飞机起飞，又可供飞机降落。在右舷上层建筑前后各有一部 16×12 米的升降机，机库为单层装甲机库，长 180 米，宽 24 米，高 7 米，总面积达 4320 平方米，舰的后端还配备有法国自行设计的镜面辅助降落装置。

别看"圣保罗"号航空母舰的吨位仅为 3 万余吨，但却可以搭载各型舰载机 40 余架，可谓"庙小菩萨多"。法国海军根据自己的作战需求，通常搭载的舰载机包括一个中队 8-10 架美国 F-8E（FN）"十字军战士"战斗机，两个中队 15-20 架"超级军旗"攻击机，4 架"军旗 IVP"侦察机，一个中队 8 架"信风/贸易风"固定翼反潜机，以及 2 架"超黄蜂"直升机和 2 架"海豚"直升机。

在许多情况下，巴西海军会根据实际作战情况，调整航空母舰舰载机搭载的数量和种类。例如执行两栖作战任务时，一般会装载 30-40 架大型直升机和 1 个齐装满员的陆战营，

海上"巨无霸"

2005年国际航展上的"超级军旗"攻击机。该机曾在英阿马岛战争中大显身手

也可以混合装载18架大型直升机和18架攻击机。

但是巴西海军购进这艘航空母舰后，觉得必须对舰载机全面更新换代，才能满足现代海战的要求。为了达到上述目的，从2000年起，巴西从科威特购买了A-4KU战斗机，并开始实施训练任务，仅在当年巴西海军先后进行了500架次舰上弹射作业，表现出了较高的可用性。巴西还对舰上的A-4攻击机进行改装，安装了以色列"埃尔塔"2032火控雷达，用来发射以色列"德比"中距空空导弹和"怪蛇4"格斗导弹，

一、世界航空母舰扫描

"圣保罗"号上装备的 A-4KU 攻击机

还将3架 S-2T 反潜机改装为空中预警机，2架改装为加油机，以提升舰载航空联队的总体作战能力。舰上原本携带的 SH-3"海王"反潜直升机，也被由美国购买的6架 S-70B"海鹰"反潜直升机所取代。

"圣保罗"号航空母舰装设有大量的电子设备，包括1部姆森-CSF 型 D 波段 DRBV-23B 对空雷达，作用距离201千米；2部 E/F 波段 DRBI-10 对海雷达，作用距离256千米，1部 E/F 波段 DRBV-15 对海雷达，1部 I 波段 1226"台卡"导航雷达，1部 NRBA-51 助降雷达，2部 I 波段的 DRBC-

海上"巨无霸"

担任"圣保罗"号护卫的"基林"级驱逐舰。该舰购自美国

32B/C火控雷达等，2部I波段"响尾蛇"导弹制导雷达，I波段NRBA51进场管制雷达。"圣保罗"号还装有中频、主动搜索的SRN6"塔康"声呐和威斯汀豪斯SQSS05舰壳声呐，以及11、14号和16号数据链和2部光学瞄具。

法国海军历来对于航空母舰的自身防御相当重视。"福熙"号航空母舰建成时的舰载武器为8座1953G型100毫米自动两用炮，分别位于两舷。改装"圣保罗"号航空母舰时用2座八联装"响尾蛇"防空导弹取代了其中4座，之后又加装了2座六联装"西北风"近程防空导弹系统。

自从有了这艘航空母舰，巴西海军专门为它打造了

一、世界航空母舰扫描

一支中型航空母舰编队，由1艘航空母舰领衔，外加1艘"基林"级驱逐舰、4艘护卫舰。

"圣保罗"号航空母舰加入巴西海军服役后的前些年还算消停，但从2004年起，该航空母舰就开始走背字，2004年5月17日，舰上动力系统蒸汽管网发生爆炸，当场炸死1

拍摄于2013年12月正在海上执行巡航任务的"圣保罗"号

125

人，并烧伤10人。此后巴西海军决定对该舰进行大修和现代化改装。2005年–2010年间，该舰安装了部分新型电子设备，并维修更换舰上动力系统的许多老旧部件。

到2010年8月，巴西宣布"圣保罗"号重新具备完整的作战能力，并计划在2013年年底前重新服役。不过令人意外的是，2012年该舰再次发生大火，不得不继续进厂修理。更不幸的是，2016年该舰又发生一次大火。此后，巴西海军一度表示仍将对该舰进行全面修理，并更换全新的动力系统，以彻底排除隐患。

然而不久即传出消息：该舰的蒸汽弹射器可能也已经受损，没有了修复价值。终于，巴西海军在2017年2月14日正式对外宣布："圣保罗"号改装维修计划全部取消，将在3年内出售拆解。至此，这艘于1960年下水，曾为法国东征西讨，也曾为巴西带来短暂荣耀（2000-2003年间不过3年）的老舰——"圣保罗"号即将走完其漫长而又坎坷的生涯。

航空母舰侏儒——泰国"差克里·纳吕贝特"号

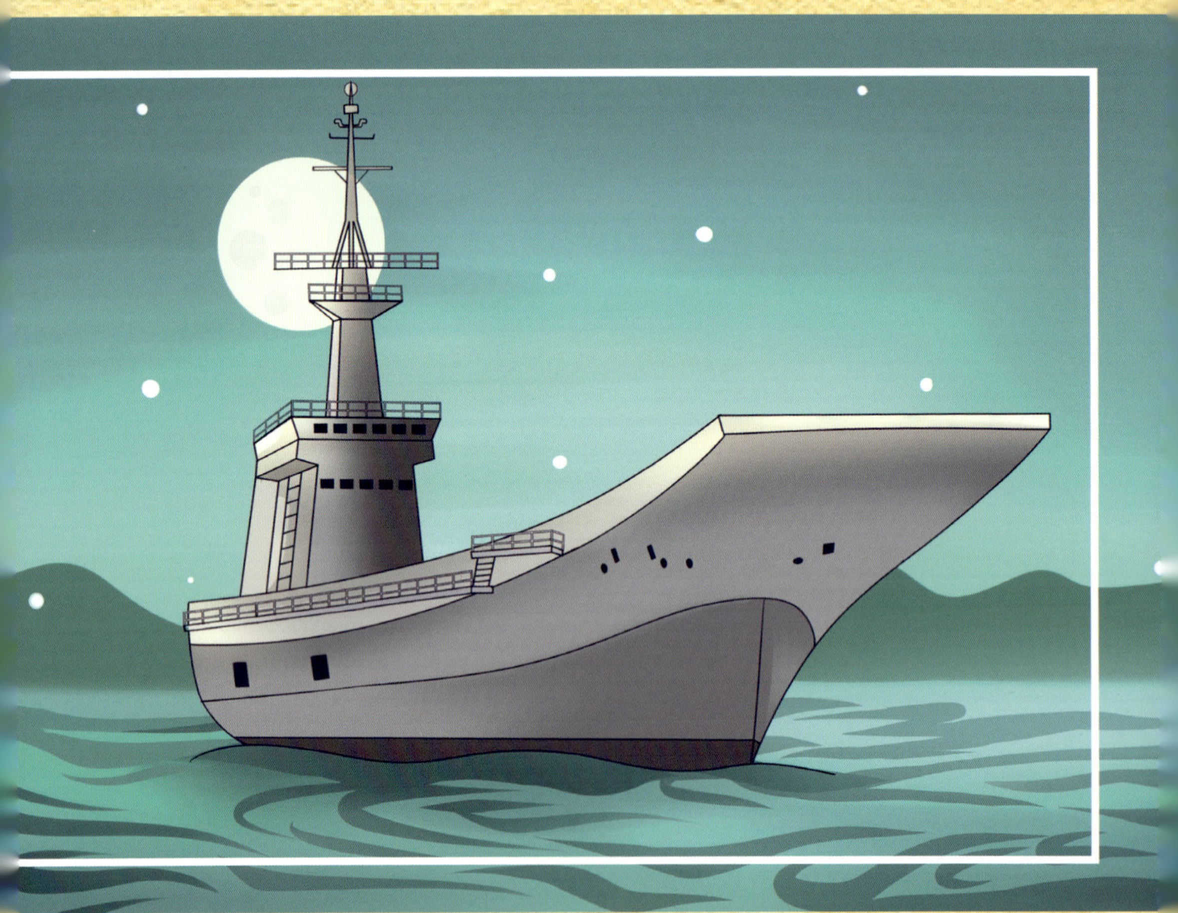

一、世界航空母舰扫描

如今要问，世界上最小的航空母舰是哪个国家的？很多小朋友都会响亮地回答："泰国！"但如果再深究一句，它叫什么名字？绝大多数学生都会摇头，无言以对。的确，后一个问题难度实在有点大，即便许多大人也未必能够回答上来。

这个问题完整、准确的答案应该是：世界上最小的航空母舰当属泰国的"差克里·纳吕贝特"号！它的满载排水量仅为11485吨，大概就是美国"福特"号航空母舰满载排水量的1/10。

航行在海上的"差克里·纳吕贝特"号

海上"巨无霸"

泰国是一个位于亚洲中南半岛中部，国土面积并不算大的国家。它向南延伸到马来半岛北部，与老挝、柬埔寨、缅甸和马来西亚交界，东南濒暹罗湾，西南靠近安达曼海。就是这样一个原本不甚起眼的国家，竟是二战后继印度后第二个拥有航空母舰的亚洲国家，也是东南亚地区唯一拥有小型航空母舰的国家。

为啥泰国想要购买和拥有航空母舰？也许是缘于1989年发生的一场特大风灾，这场大风灾导致泰国当局特别是泰国海军改变了对建造大型战舰的看法。当年的那场强台风，席卷了整个泰国南部，造成大量渔船沉没，沿岸民房倒塌。虽经海军全力救援，但都因出动的舰艇吨位太小，能活动的距离非常有限，受到海上暴风雨的制约太大，因而显得力不从心，无法应对，从而造成大量渔民和濒海民众死亡或失踪。假如有一艘大型战舰并使用舰载直升机，进行及时抢救，损失就会小得多。这场台风还对位于泰国湾西岸的春蓬、巴蜀等省的通信设备造成严重破坏，使得联络中断，此时又急需一艘装备有完善通信设施的大型舰艇及时赶到，以提供应急

一、世界航空母舰扫描

的通信保障。

　　还有一点非常重要的是，泰国海岸线长约 2600 千米，近海是海盗猖獗之地，又十分临近马六甲海峡。多年来，为了保护过往船只和海员的生命、财产免遭劫难，一有风吹草动，相关部门往往会要求海军能在第一时间赶赴出事地点，出动舰载直升机则是解决问题的最佳方案。总之，无论从自身担负的使命任务，还是临时紧急情况出发，泰国海军都迫切需要一种搭载有批量直升机的大型海上机动平台。

"差克里·纳吕贝特"号的设计原型，
西班牙"阿斯图里亚斯亲王"号航空母舰

得知泰国海军的这一意向后,当时世界上几大造船公司提出了各自的设计与建造方案及报价。其中,西班牙巴赞造船公司竭力推销的"轻型航空母舰"方案,最为泰国海军所看好,尤其是它列出了三方面颇具吸引力的优势,使它与其他公司的竞争中处于有利地位。这三项优势:一是造价低廉,总造价不超过4亿美元,仅相当于西方建造一般中型护卫舰的价格;二是建造时间快,5年内即可交舰;1988年服役的西班牙"阿斯图里亚斯亲王"号轻型航空母舰,就是巴赞造船公司的成功案例;三是可根据泰国海军新的要求,在"轻型航空母舰"的基础上不断地改进与提高。

泰国海军原定目标仅为装备一艘普通的直升机母舰。但是由于巴赞公司提出的"轻型航空母舰"方案,使得泰国海军决定以此为契机,重新调整其计划,改为发展轻型航空母舰并使之成为泰国海军的海上作战核心力量。

1992年3月,泰国海军与巴赞造船公司正式签约,结果创立了一项新的世界纪录:一艘全球最小航空母舰即将诞生!该航空母舰能搭载直升机和"鹞"式战斗机,总金额为3.6亿美元。1994年7月12日,这艘舷号为R911的轻型航空母舰正式开工兴建。

1996年1月20日这天,尽管天气阴冷,但是泰国全国上下包括泰国王室所有成员人气高涨:因为属于泰国的那艘航空母舰即将下水,泰国王后诗丽吉在西班牙王后索菲娅的陪同下,亲自前往西班牙巴赞造船公司法罗船厂主持了下水

一、世界航空母舰扫描

停泊在码头的"差克里·纳吕贝特"号

仪式，两国海军司令也一起参加了。

可以说从这天起，泰国海军有一艘真正意义上的航空母舰"差克里·纳吕贝特"号的目标越来越近。差克里·纳吕贝特是泰国曼谷王朝的开国君主，泰国海军以他名字来命名，大有重新开创海军的寓意。

1996年10月，作为平台部分的航空母舰总体建造工程基本完成，开始进入海上试航阶段。为此，泰国海军派出了接舰部队，赴西班牙随舰出海，边试航边交接。

"差克里·纳吕贝特"号航空母舰在建造过程中，十分重视军民融合、技术通用的特点。在一定程度上采用民船建造标准，军民标准相结合。例如舰体结构、管路、电缆、电

133

海上"巨无霸"

与美国已退役航空母舰"小鹰"号并列航行的"差克里·纳吕贝特"号,可见该舰体型之小

气设备等,均按英国劳氏船级社的民船建造规范来设计,相关材料、设备,则采用民用品。主要由于民用品销售广、产量大,价格比军用品低廉,从而可明显降低成本。虽然部分应用民船建造规范,但在涉及与作战、生命力有关的关键项目上,如飞行甲板、动力装置、电力分配系统、损害管制系统等,则仍严格按照军用标准的要求进行设计和施工。

这艘航空母舰的"心脏"设计与运用也很有特点:采用CODOG动力模式,即舰上的柴油机和燃气轮机分别在低速和高速时，交替为战舰提供动力，也就是说舰上同时装有两台 LM-2500 燃气轮机和两台巴赞 -MTU 的 16 缸柴油机，交替使用，最大航速可达 27 节。

当然，该航空母舰上的核心部分应该是飞行甲板，该舰甲板长 174.6 米，宽 27.5 米，飞行跑道偏于甲板左舷，跑道中线与舰体中线形成一个向右的 3 度小斜角。前部有上翘 12 度的滑跃甲板，可使 AV-8S 战斗机携带最大武器载荷短距起飞。而其返航着舰则采用垂直降落方式。垂直降落方式无论对飞行员还是对航空母舰来说，都更容易，也更安全。降落时，只需逐渐减小飞机的航速，直到使飞机在母舰附近的空中悬停，然后将飞机移动到甲板上方，使飞机缓慢下降着舰。

在飞行甲板上，还设有 5 个直升机停机位，可供 5 架直升机同时作业。在飞行甲板的中部右舷及后部中线中，各有一台起重能力为 20 吨的飞机升降机，为机库甲板和飞行甲板间的飞机上下调度。

飞行甲板之下为机库甲板，机库长 100 米。中间有一防火帘将机库分成前、后两部分，可存放 12 架 AV-8S 垂直短距起降机或 15 架"海王"中型直升机。如果在升降机平台及机库空余地上都停放飞机，即可达到规定的载机数量。机库内还有 2 台与水线下弹药舱相连的弹药升降机，专为飞机装弹。

还有一点与众不同的是，在前升降机侧装设有一台起吊飞机用的起重机，以便在飞机发生故障无法正常降落于飞行

海上"巨无霸"

甲板时，先应急迫降于海面，然后用此起重机将其起吊回收。

常言道：好马配好鞍！为了给这艘新航空母舰配套相应的战斗机，泰国海军专门从西班牙手里买来"二手"的7架单座型和2架双座型AV-8S"鹞"式垂直起降战斗机，而西班牙海军早在1993年就向美国订购了8架全新的AV-8B战斗机，作为自己卖出二手货之后的替代。

不过到1998年亚洲金融危机时，采购到手不足5年的9架AV-8S战斗机中，就已有3架不具备作战能力，遭到金融危机重创的泰国，也迅速削减了给海军的拨款，结果使得既缺飞行经费也缺维护费用的AV-8S战斗机迅速损坏，最后一

从后视角度来看的"差克里纳吕贝特"号，该舰甲板上有一架等待起飞的AV--8S"鹞"式垂直起降战斗机

136

一、世界航空母舰扫描

如今已停泊在港内接受游客参观的"码头皇后"

架飞机也于 2004 年丧失作战能力。2006 年，服役仅十余年的 AV-8S 战斗机全部退出泰国海军现役。

战斗机不行，载舰也不济！"差克里纳吕贝特"号航空母舰刚加入泰国海军时，还曾与美军核动力航空母舰共同参加演习，可谓风光一时！然而，金融危机袭来后，由于经费捉襟见肘，很快它就变成了一位地地道道的"码头皇后"！如今，每天都有上千的泰国游客到访梭桃邑军港，他们只需要亮出身份证证明是泰国公民，花钱买票后，就可以登上这艘曾经的泰国"海上巨无霸"随意参观。

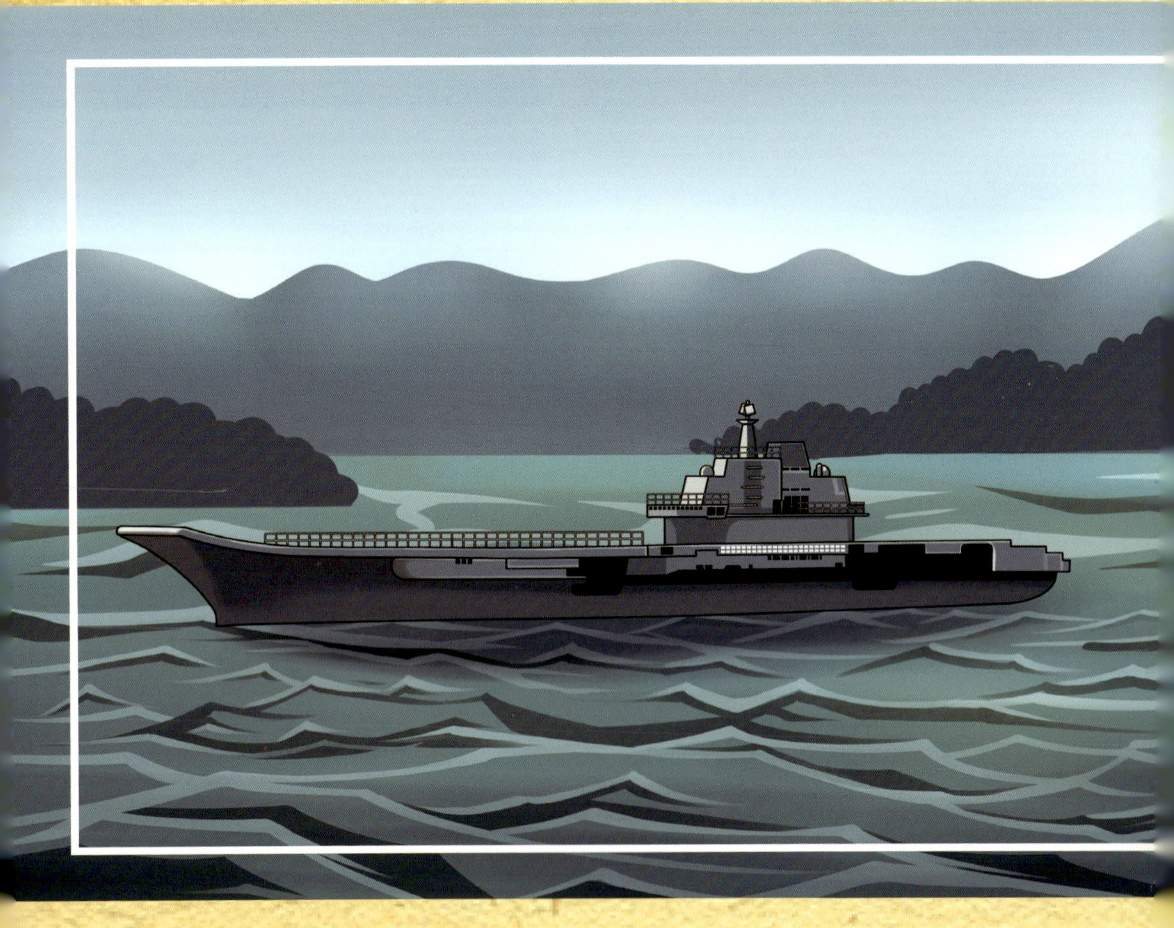

奋进发展的中国航空母舰

海上"巨无霸"

位于伊斯坦布尔的"瓦良格"号航空母舰

2001年11月3日,欧洲爱琴海斯基罗斯岛附近的国际海域遭遇了一场前所未有的风暴,由6艘拖船拖曳的"瓦良格"号航空母舰就像一匹脱缰的野马,在海上失去了控制,横冲直撞。刹那间,它与拖船连接的拖缆相继被刮断,并迅疾向埃维亚岛漂去,眼看着距该岛岸边仅剩80千米。

好在险情最终没有发生!经过各方救援人员竭尽全力抢救,最后总算控制了这艘巨舰。此时,只见空中飞来的一架希腊救援直升机,几经折腾后稳稳地停在航空母舰甲板上,

一、世界航空母舰扫描

救起了船上的七名船员。四天后,即11月7日,"瓦良格"号终于被3艘拖船和1艘希腊船只用拖缆牢牢控制住。

从风暴中脱险后的"瓦良格"号航空母舰似乎"有了后福"。此后一路航程变得颇为顺利。它先经地中海,穿直布罗陀海峡(苏伊士运河不允许其通过),再出大西洋,经加那利群岛的拉斯帕尔马斯。2001年12月11日绕过非洲好望角进入印度洋,又经莫桑比克的马普托,于2002年2月5日通过马六甲海峡。一个星期后,抵达新加坡外海,2月12日进入南中国海,2月20日进入中国领海。

3月3日凌晨,历尽艰险的"瓦良格"号航空母舰终于抵达大连。早晨5时许,在6艘拖轮及1艘引水船的引领下,

在大连造船厂进行改造的"瓦良格"号,
完工后被命名为"辽宁"舰

海上"巨无霸"

离开了大连港外锚区，徐徐向内港进发。这6艘拖船前3后3排列，确保"瓦良格"号始终保持平衡。在此期间，海面上的交通受到管制，任何船只都不能进出。

上午9时许，"瓦良格"号抵达内港。中午12时，这艘老旧航空母舰安全靠泊在大连内港西区4号散货码头，圆满结束了航程达15200海里、耗时4个月（123天）的艰难远航。

2005年4月26日，中国海军正式开始改造"瓦良格"号航空母舰的工程。2012年9月25日，中国第一艘航空母舰在中国船舶重工集团公司大连造船厂正式交付海军。中华人民共和国国防部网站将"瓦良格"号正式更改名称为"辽宁"舰。

作为中国海军当今第一大舰，无论是其块头还是吨位，目前国内所有舰艇均无出其右。该舰长304.5米，宽75米，吃水10.5米；满载排水量超过6.5万吨，最大航速达29节，7000海里/18节，自持力45天。

"辽宁"舰的"心脏"凝聚了中国的智慧与心血，它是在国内众多工程技术人员的联合攻关努力下，成功研制完成的。达到了原"瓦良格"号航空母舰的动力装置水平，4台蒸汽轮机、8台增压锅炉、采用4轴推进，总功率达到20万马力。

航空母舰的"铁拳"——歼-15舰载机是在参考苏-33的基础上，融合了歼-11B的技术，同时新增鸭翼，配装2台大推力发动机，采取了机翼折叠，全新设计了增升装置、

"辽宁"号上搭载的歼-15舰载机

起落装置和拦阻钩等系统，使得飞机在保持优良作战性能的条件下，实现了出色的着舰要求。歼-15舰载机有不俗的制空作战能力，且因是海军型号，所以对海攻击能力格外突出，机上安装有一门30毫米机炮，并可携带现役所有的国产精确打击武器，包括"霹雳"8/9近距空对空导弹、"霹雳"12主动雷达制导远距空对空导弹、"鹰击"91超音速远程反舰/反辐射导弹、"鹰击"8空对舰导弹、KD-88远程空地导弹的对海版本、"飞腾"2型反辐射导弹，以及"雷石"系列制导炸弹等，甚至可以使用国产"鹰击"62重型反舰导弹。

不知不觉，到2018年7月，"辽宁"号航空母舰已驰骋海疆近六个年头，到了该维修保养的日子了。

2018年7月10日清晨，中国首艘航空母舰"辽宁"舰接替国产首艘001A型航空母舰进入大连造船厂的船坞进行维修，后者则出船坞进行舾装。这表明，中国两大航空母舰首次在大连造船厂内"双舰合璧"。"辽宁"舰入役后的首

海上"巨无霸"

次大修以及首艘国产航空母舰舾装时长均为一年左右,首艘国产航空母舰将在进行多次海试合格后正式交付海军。

定期检修对于航空母舰重新焕发战斗力极其重要。根据国外航空母舰经验,一艘航空母舰的大修、中修、小修等维修时间占据航空母舰全寿命的三分之一。小修可能直接在码头进行,中修和大修一般在船坞进行。一次大修时长约在半年至三年之间,一般来说,常规动力航空母舰可以在两年内完成,通常一年左右即可。核动力航空母舰的检修可能长达三年,因为核动力装置的维修更复杂、时间相对更长。航空母舰一旦进坞检修,重大军事演习和训练则需要暂停进行。

系泊在海面上的"辽宁"号航空母舰

"辽宁"号航空母舰在经历了高强度的训练和海上复杂的气象和海况的洗礼，加上长期以来海水对舰身的腐蚀，此时应对各系统进行一次全面检测、维修和保养。

"辽宁"舰从下水、入列至今仅往返南海就达十余次，面对海上的温度差、盐度差、湿度大等各种复杂海况，在如此长的高强度训练和风雨淋晒之后，航空母舰的几个大系统、几十个中系统和几百个小系统的各部件有可能会产生锈蚀、磨损和毁坏，还可能存在一些隐患等，好比汽车跑一定的千米数或年份要进厂检修一样，航空母舰也要每6-8年进行一次全面检修，更换部件或维护保养，这是一项非常重要也很艰巨的任务。因为这是我国第一次检修航空母舰，所以需要边运行、边摸索和总结经验。

"辽宁"舰原来甲板前有部分苏联制造用于装设导弹部位的钢板，改装时焊接了国产钢板。六年时间里，舰载机在两种不同材料焊成的甲板上进行高强度起飞和降落，高强度撞击后甲板是否有变化。海水和海风是否对其产生侵蚀。船底与海水长期接触，是否附着大量海洋生物，影响航速或者侵蚀破坏船底油漆。动力系统中，锅炉内壁长期炙烤有无脱落或毁坏。这些可能出现问题的重点部位都将进行认真检修和维护保养。

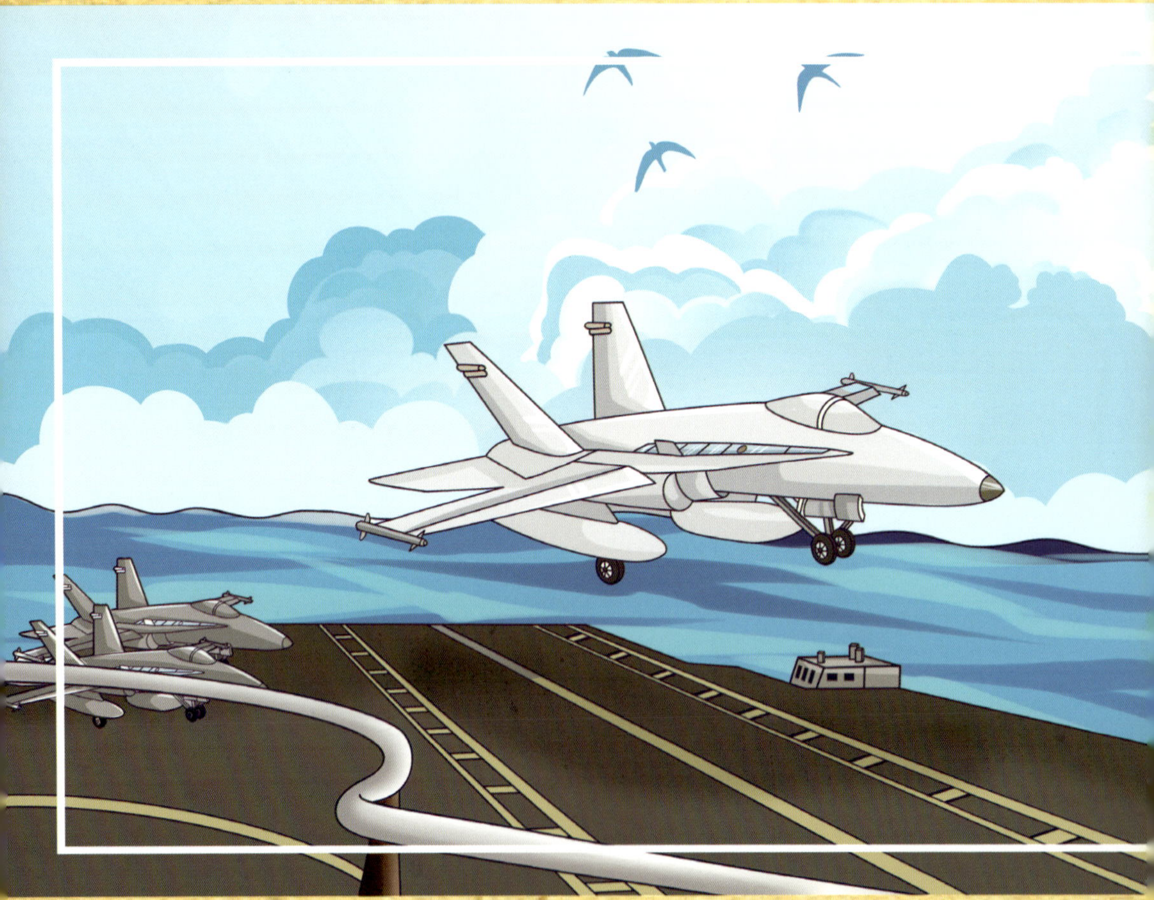

二、航空母舰的明天

航空母舰也能实现隐身吗？

海上"巨无霸"

很多小朋友经常问：航空母舰能够隐身吗？它们都在什么方面隐身呢？隐身航空母舰对现代海战会带来什么影响？

实际上，近些年来航空母舰"隐身潮"正日益风靡各国海军，尤其是拥有航空母舰的国家，并对今后海战行动发挥着越来越大的影响与作用。无论是近年来及刚刚服役的航空母舰，还是正在设计与建造中的最新航空母舰，以及超前规划与设想中的未来航空母舰，它们的隐身主要从以下四个方面着手：

首先，是雷达隐身。对航空母舰的舰体、舰岛、舷侧及飞行甲板等都进行了精心的隐身设计和布局。以美国2017年新服役的"福特"号航空母舰为例，该航空母舰飞行甲板

"伊丽莎白女王"号的舰岛明显具备了隐身外形

二、航空母舰的明天

上的舰岛被优化设计得极小，且设置在右侧更靠后部。舰岛的楼层数也由"尼米兹"级航空母舰的3层改为"福特"级的两层。英国皇家海军的"伊丽莎白女王"号航空母舰，则采用更为低矮的倒四棱台型双舰岛。这种独树一帜、前后布局的两个舰岛，前舰岛用于海上航行和作战指挥，后舰岛则用于航空指挥。当然，此举非常有助于雷达反射截面积的大幅减小（也就是说，雷达反射波大幅减小）。与此同时，如今各国航空母舰都越来越多地使用隐身涂料和隐身材料。据称，最新的"福特"号航空母舰的雷达反射截面积几乎和大型驱逐舰的雷达反射截面积大小相似。

其次，是红外隐身。核动力航空母舰虽然不存在烟囱对外散热的问题，但是依然有如何减小驱动蒸汽轮机，使用应急柴油机，大量管路散热热量，以及排除废气冷却降温等问题。还以"伊丽莎白女王"号航空母舰为例，采用双舰岛的另一个作用就是设置两个烟囱，使排出的热量明显减小，红外辐射值明显降低。航空母舰不仅自身体积大，而且舰上系统复杂，部门多，人员多（如美国"尼米兹"级航空母舰共有舰员和飞行人员五六千人），如此多元庞杂的热量汇聚，都使红外辐射值大量增加，严重影响红外隐身。因此，各航空母舰拥有国近年来格外重视航空母舰的红外隐身，仅"福特"号航空母舰就通过采用减少舰上1000多名舰员等综合手段，使全舰的红外辐射值大幅降低。

此外，航空母舰还存在着声隐身、磁隐身等其他方面的

149

海上"巨无霸"

隐身问题。航空母舰的上噪声源主要有机械噪声、螺旋桨噪声和水动力噪声三大类。机械噪声又主要来自柴油机（燃气轮机）、主电动机、减速器等主机，以及发动机、泵等辅机。

正在吊装一体式舰岛的"福特"号航空母舰

二、航空母舰的明天

螺旋桨噪声既有螺旋桨叶片振动，也有螺旋桨空化噪声等。这三类噪声对于航空母舰的声隐身也起到巨大的制约作用。各国在这些方面也下了很大的工夫，包括对动力装置安装浮筏减震基座，提高螺旋桨的加工精度和装配质量，采用多种吸声结构材料，使用屏蔽罩减小螺旋桨噪声，设计良好线型船尾、改变螺旋桨叶片上的速度、压力分布，推迟空化的出现等。地球上，只要是运动的金属平台均会产生磁场，这些都会对航空母舰的航行，抗击对方水雷攻击等产生不利的影响，因此如何可靠、快捷、安全地消磁，对于航空母舰来说绝非小事。

未来经过采用各种综合隐身措施的航空母舰，将成为一个一定意义上"来去无踪"的海上"巨无霸"。

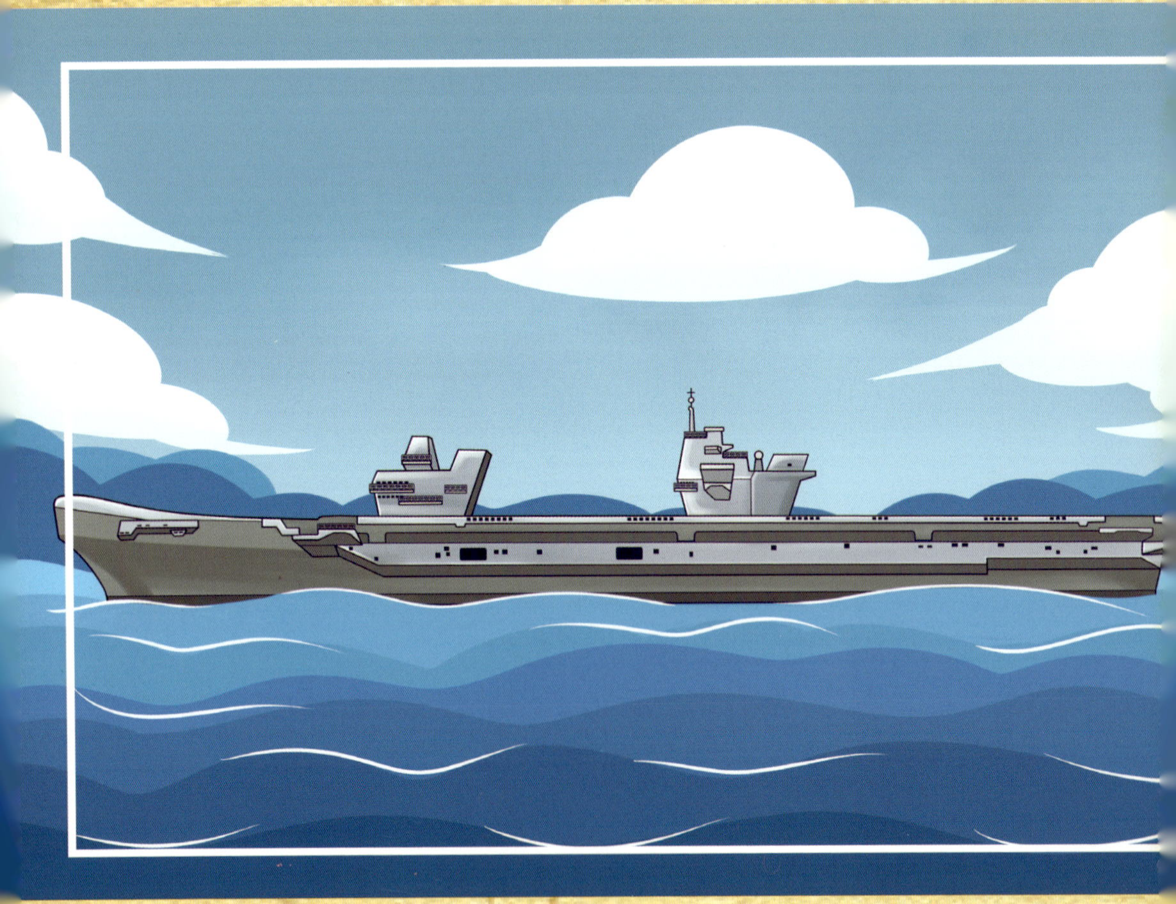

航空母舰吨位和块头将越来越大

海上"巨无霸"

美国"小鹰"号是世界上最大的常规动力航空母舰

二、航空母舰的明天

大小航空母舰优劣之争，是航空母舰问世百余年以来长盛不衰的话题：赞成大航空母舰的似乎占据拥有国主流，但是也有偏爱小型航空母舰的国家！

然而一个不争事实就是，各国航空母舰几乎无一例外，都造得越来越大（都比本国先前的航空母舰要大许多）。美国最为典型，二战期间美国先后造了100多艘航空母舰，但满载排水量大都在4万吨以下。战后，美国设计与建造的航空母舰级别不断更新，而吨位和个头也在急速增大：战后建造的第一级"福莱斯特"级常规动力航空母舰满载排水量超过8万吨，舰长也达到了惊人的331米，吃水超过11米，飞行甲板面积已近3个足球场大小。其后的"小鹰"级满载排水量逼近8.4万吨；而第一艘核动力航空母舰"企业"号约为9万吨。至于10艘"尼米兹"级核

155

海上"巨无霸"

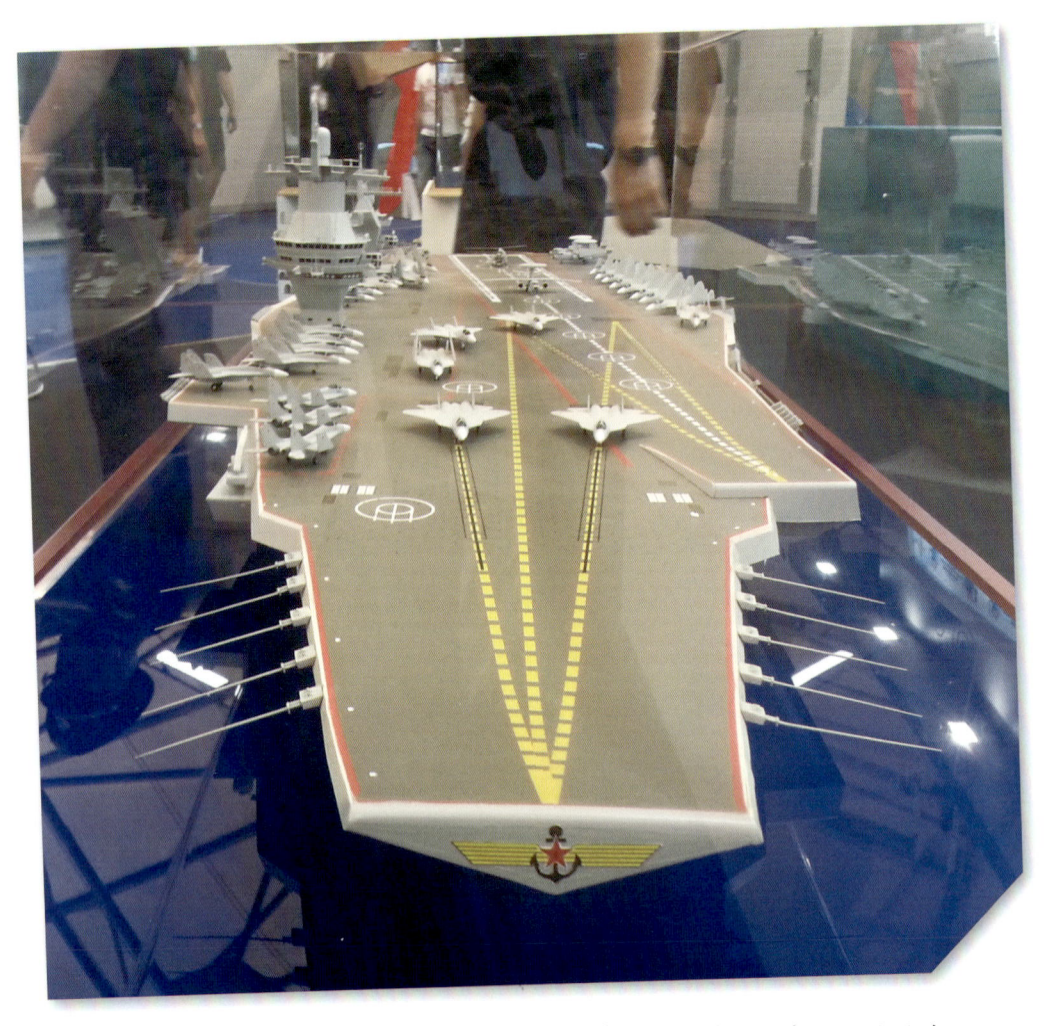

俄罗斯"风暴"级核动力航空母舰倘若建成，将会成为与美国航空母舰平级的巨无霸

动力航空母舰中，更是有 6 艘满载排水量超过 10 万吨。最新的"福特"号核动力航空母舰满载排水量更是接近 11 万吨。

其他有能力设计与建造航空母舰的国家，近些年来也都推出各种适合本国特点和作战需求的航空母舰。例如英国已分别服役和下水了两艘称得上大型航空母舰的"伊丽莎白女王"号和"威尔士亲王"号。这两艘航空母舰满载排水量均达到6.5万吨，是已退役的"无敌"航空母舰满排的3倍。它们的飞行甲板面积也都超过两个足球场面积。俄罗斯的"风暴"级核动力航空母舰多次提上议事日程，却又多次下马，满载排水量近10万吨，装设有滑跃式和电磁弹射4条跑道，可搭载舰载机70-90架。一旦问世，将是一艘地地道道的大型航空母舰。就连意大利这样只能建造或者格外偏爱小型航空母舰的国家，继满载排水量1.385万吨的"加里波第"级航空母舰后，又推出了满载排水量达到了2.7万吨的"加富尔"号航空母舰，后者满载排水量正好是前者的两倍（但仍属于小型航空母舰）。

由此可见，不论航空母舰大国，还是只能建造中、小型航空母舰的国家，未来航空母舰的满载排水量都在大幅增加。

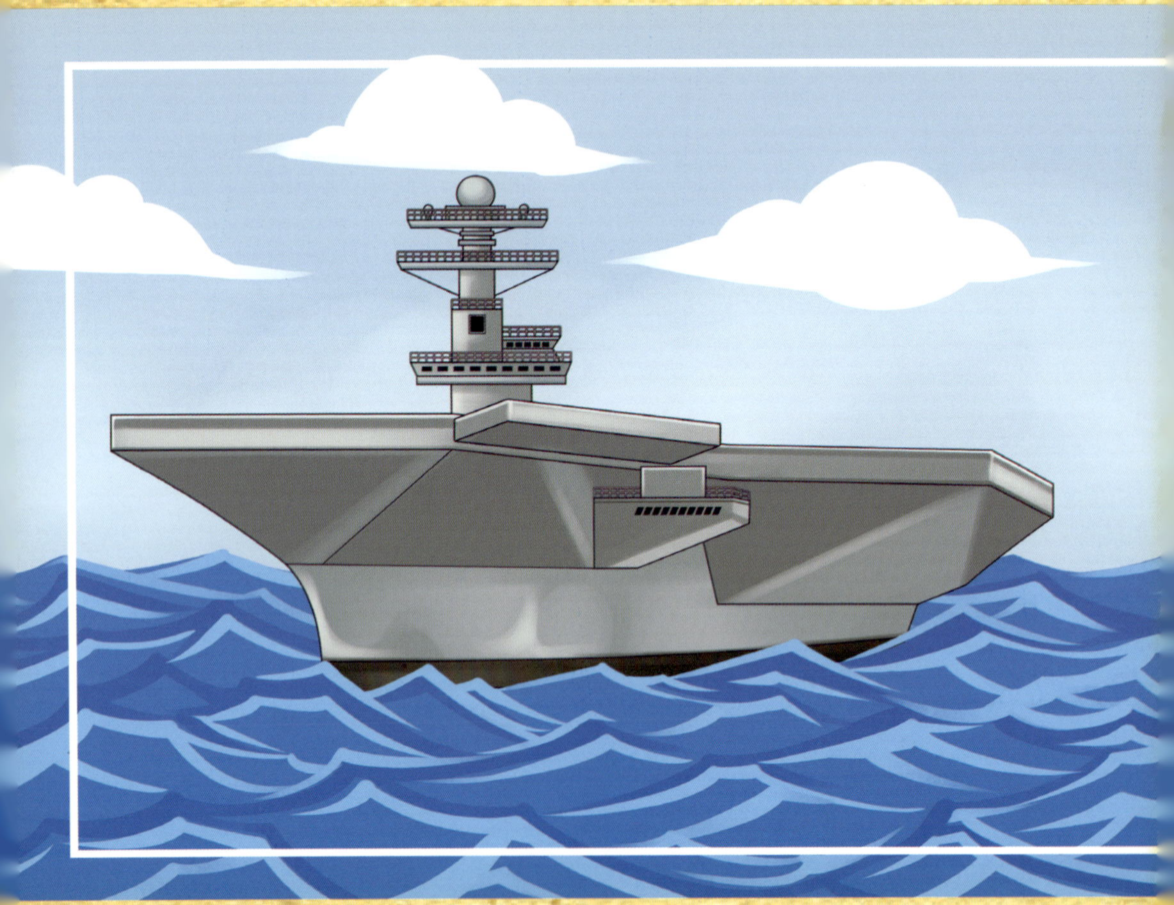

航空母舰将是智能化作战平台

海上"巨无霸"

如今的航空母舰与当年的航空母舰最大的不同就是，不再只是机械化的作战平台，而是正向信息化加速转型的大型海上作战平台。换句话说，航空母舰编队不仅只是在海上和空中两维空间活动与作战的海上作战平台，完全成为一种能在海上、空中、水下、太空、电子、网络等多维空间，集探测搜寻、侦察通信、信息处理、打击对抗等多种手段于一身的信息化作战平台。这种作战平台既减少了侦测、通信设备数量，改进了通信堵塞，又提高了兼容能力。例如"福特"号航空母舰上就把"尼米兹"级航空母舰上的83部雷达、通信等探测传输设备大幅减为21部，只及原先的1/4。尽管如此，该级新航空母舰的信息探测与传输能力不仅没有减弱，反而有明显提升。美国"尼米兹"级最后一艘"布什"号，注重最新的信息技术应用，安装了全新的指挥、通信、计算机和控制系统。该系统利用光纤缆线把全舰16个"通信节点"全部连接在一起，从而构成一个系统与系统、装备与装备间的大容量、高速度的通信网络。"福特"级航空母舰还安装有建立在"部队网"和IT-21体系结构基础上的新的综合作战系统，能将探测侦察系统、指挥控制系统、武器作战系统等，综合成一体化的作战系统。该系统能够全方位、多渠道、大纵深地感知和掌握航空母舰编队周边相关海域、空域、水下、太空、网络的所有态势和信息，能准确地识别和判定各种威胁程度，并能够做出选择最佳武器，及时实施威慑或打击的最佳决策。

二、航空母舰的明天

未来的航空母舰及其编队绝不会仅停留在目前的信息化水平上，而是要向更高端的智能化方向迈进。届时对方的来袭和我方的反击行动不牵扯到战略行动范畴，将由智能化的"大脑"机构来决策实施。而反击武器的选择和打击方式的应用，则完全由智能化的武器来自行决定与完成。只有牵涉到战略行动或关乎国家利益的行动时，才必须由作战指挥机构为主，智能化的"大脑"机构为辅，来共同实施决策与打击任务。

"福特"号舰岛特写，其雷达大幅减少，但更为高效化

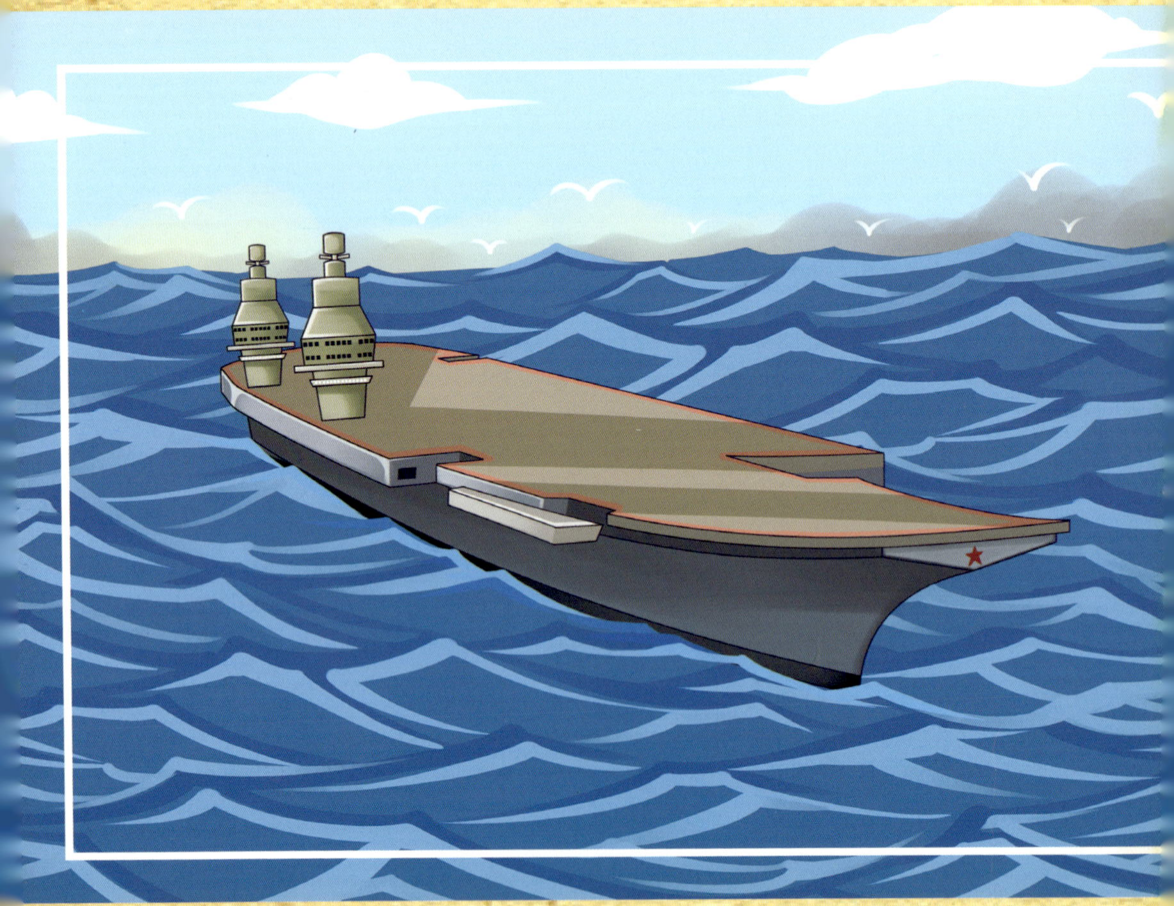

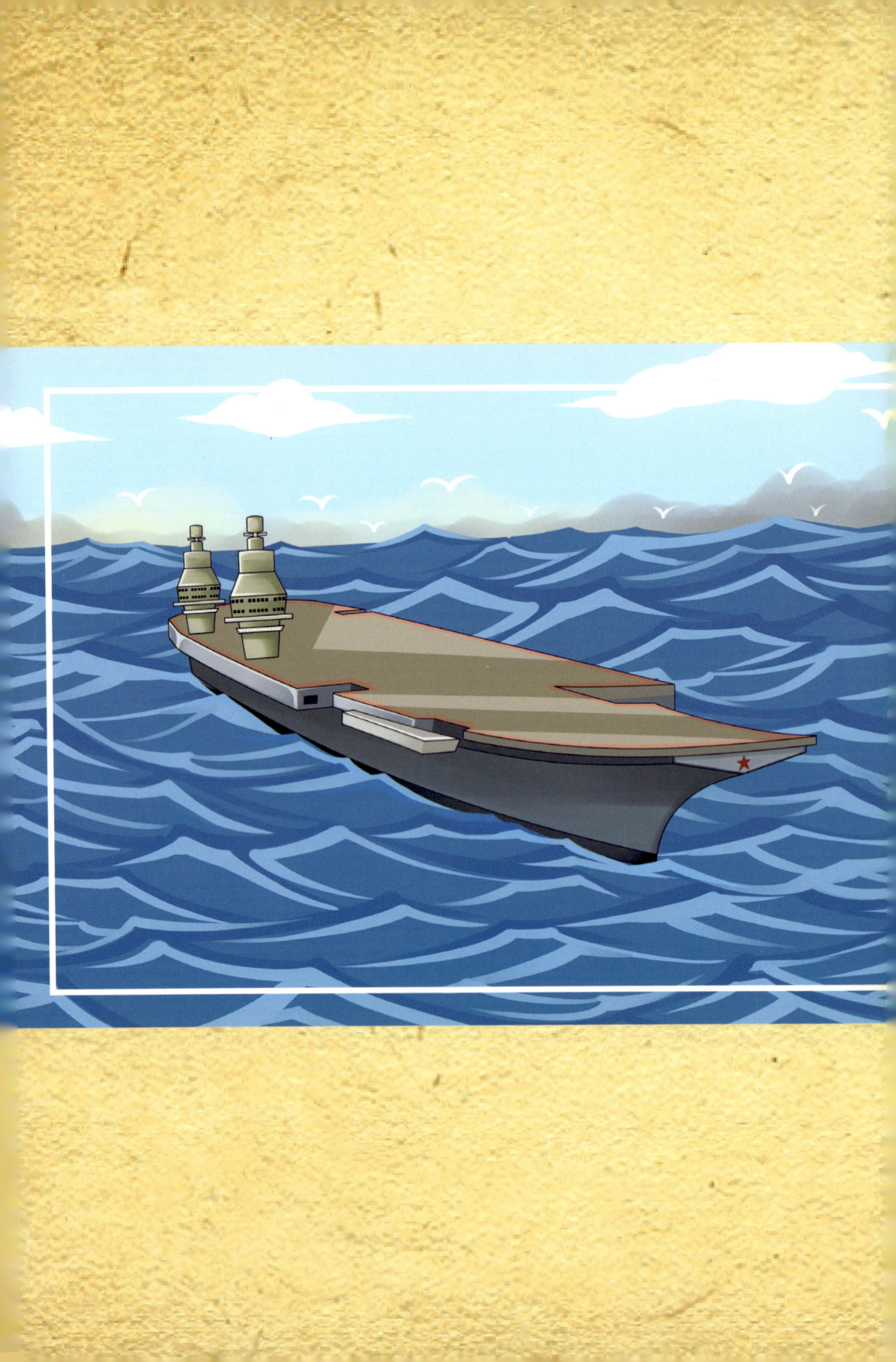

航空母舰舰载机更加多元强劲

海上"巨无霸"

未来可能上舰的俄罗斯苏-57隐身战斗机

　　舰载机被誉为航空母舰上的"铁拳",是现代海战与未来海战取胜的关键。各世界强国或大国航空母舰现已纷纷发展,并继续瞄准五代战斗机和六代战斗机(中国称四代机和五代机),以及新一代电子战飞机、预警机、加油机等固定翼飞机,以及各型直升机。不仅如此,现今和未来航空母舰还将越来越多地搭载和使用各种无人机,包括无人侦察机、无人攻击机、无人加油机,以及察打一体无人机等。

　　美国最新的"福特"号航空母舰上,既保留有"尼米兹"级航空母舰上的主力战斗机——F/A-18E/F,也将陆续配置

二、航空母舰的明天

和使用最新的第五代战斗机——F-35C。后者不仅是世界上唯一一种已服役的舰载五代（中国称四代）战斗机，而且也是世界上最大的单发、单座舰载战斗机，具备十分突出的隐身性能、超音速机动和一定的超音速巡航，以及超视距打击能力。下面具体来看看它究竟有哪些突出特点，它又是如何进行超级隐身的？F-35的隐身设计大量借鉴了F-22隐身战斗机的诸多技术与经验，运用了整机计算机模拟技术，飞机表面采用连续曲面设计，并综合考虑了进气道、吸波材料/

现役美军舰载机的主力F/A-18E/F，该机未来可能将逐步被最新式的F-35战斗机替代

海上"巨无霸"

美国海军装备的无人机在未来将执行多元化任务

结构等影响。它的头向雷达反射面积约为 0.065 平方米,比俄罗斯现役苏-27 战斗机、美国空军现役 F-15 战斗机(两者雷达反射面积均超过 10 平方米)要低两个数量级,加上 F-35 机载武器采用内挂方式,不易使雷达发射面积增大,隐身优势可以进一步增强。F-35 在推力损失仅有 2%-3% 的情况下,将尾喷管 3-5 微米中波波段的红外辐射强度减弱了 80%-90%,同时使红外辐射波瓣的宽度变窄,减小了红外制导空空导弹的可攻击区,使红外隐身性能也达到了世界一流。由于多项一流的隐身措施,不仅减小了 F-35 战斗机被发现的距离,还使全机雷达散射及红外辐射中心发生改变,导致来袭导弹的命中率大幅降低。如果 F-35 再通过使用主动干扰机、光纤拖曳雷达诱饵、先进的红外诱饵弹等对抗设备,

二、航空母舰的明天

便能够在与对方的较量中赢得主动、占得先机。

当然，未来航空母舰上配置无人机的数量将逐步增加。还以美国"福特"号航空母舰为例，由美国诺斯罗普·格鲁曼公司研制的X-47B无人机曾在美海军"杜鲁门"号航空母舰上进行了长时间的试飞，很多人都认为X-47B将开辟美国海军航空母舰舰载无人战机运用的先河。然而，2017年美海军却给X-47B的终结画上了句号！此后，美国波音公司鬼怪工厂频频亮相的MQ-25"黄貂鱼"无人机正日益被美国海军所看好，而通用原子能公司研制的MQ-25"黄貂鱼"无人机也在跃跃欲试。

新一代"企业"号航空母舰将作为"福特"级3号舰涅槃重生

当然，航空母舰第六代舰载机近年来也不断地被美国、英国提上议事日程。可以预见，用不了多久，第六代舰载机也将以其崭新的姿态、更优的性能，成为海空作战的"新宠"。

其实，未来新航空母舰所使用的最新技术与武器装备，远不止上述这些，还有诸如新概念武器等应用，必将使其如虎添翼、大放异彩！